KATZEN
DER WELT

KATZEN DER WELT

DAS FREIE, RAUE UND BERÜHRENDE LEBEN VON STRASSENKATZEN

NEW YORK TIMES-
BESTSELLERAUTORIN KITTEN LADY
HANNAH SHAW

THE CAT PHOTOGRAPHER
ANDREW MARTTILA

FREDERKING & THALER

ÜBER DIE AUTOREN

HANNAH SHAW, auch bekannt als Kitten Lady, ist eine preisgekrönte Katzenretterin, Pädagogin und Tierschützerin, die ihr Leben der innovativen Katzenpflege und dem Schutz besonders gefährdeter Katzen gewidmet hat. Sie ist die Autorin des *New-York-Times*-Bestsellers *Tiny but Mighty*, von *Kitten Lady's Big Book of Little Kittens* und *Kitten Lady's CATivity Book* sowie der Reihe *Adventures in Fosterland*. Sie ist außerdem die Gründerin des Orphan Kitten Club, einer gemeinnützigen 501(c)(3)-Organisation, die neugeborene Kätzchen im ganzen Land rettet. Sie lebt in Kalifornien mit ihrem Mann Andrew Marttila, ihren Katzen, ihrem Hund sowie einer endlosen Reihe von Pflegetieren.

ANDREW MARTTILA ist ein professioneller Tierfotograf – spezialisiert auf Katzen. Im Laufe der Jahre hat er Millionen von Katzenfotos gemacht, die weltweit in Medien sowohl in digitaler als auch in gedruckter Form verwendet wurden – von *Good Morning America* bis zum Cover von *National Geographic*. Er ist der Autor mehrerer Bücher, darunter *Shop Cats of New York*, *Cats on Catnip* und *How to Take Awesome Photos of Cats*. Er ist außerdem Vorstandsmitglied des Orphan Kitten Club und hat zusammen mit seiner Frau Hannah Shaw Hunderte von geretteten Kätzchen aufgezogen.

Für die wunderschönen Katzen,
mit und ohne Namen,
mit denen wir unsere Welt teilen

INHALT

EINLEITUNG

Überall, wo es Menschen gibt, gibt es auch Katzen. In fast jedem Winkel der Erde haben sich Katzen in unsere Gesellschaft integriert, ihr Leben ist untrennbar mit dem unseren verwoben. Unsere Verbindung kennt keine Grenzen.

Die Entwicklungsgeschichte von Mensch und Katze ist eine Geschichte der gegenseitigen Abhängigkeit. Sie beginnt mit dem Aufkommen der Landwirtschaft, als der Getreideanbau es uns Menschen ermöglichte, sesshaft zu werden, aber auch Nagetiere anlockte, die unsere Ernten bedrohten. Auftritt der Katzen. Da wir ihre Fähigkeiten als Jäger schätzten, schlossen wir eine Allianz, die unser gemeinsames Überleben sichern sollte, und es entstand eine symbiotische Partnerschaft, die sich schließlich über den ganzen Globus ausbreiten sollte.

Seitdem Menschen ferne Länder bereisen, werden sie von Katzen begleitet. Als frühe Seefahrer die Welt erkundeten und Handel trieben, gingen Katzen an fremden Küsten mit ihnen an Land und verbreiteten sich, bis die Weltkarte mit Pfotenabdrücken übersät war. Heute stellt sich die Frage nicht mehr, ob Katzen in menschlichen Siedlungsgebieten leben werden, sondern wie wir mit ihnen umgehen, wenn sie es tun.

Im Laufe der Geschichte und quer durch alle Kulturen hat der Mensch der Katze verschiedene Rollen zugewiesen – Schurke und Held, Plagegeist und Muse, Eindringling und geliebter Begleiter. Eine Vielzahl von Faktoren hat diese Eindrücke beeinflusst, z. B. Brauchtum und Glaubenssysteme, Kultur und Politik, sogar Klima und Topografie. Wir alle mögen *Felis catus* als Nachbarn haben, aber unsere Sichtweisen sind so unterschiedlich wie die Sprachen, die wir verwenden, um sie zu beschreiben.

Unabhängig davon, wo wir leben, hat jede Gemeinschaft eines gemeinsam: Es gibt immer jemanden, der freundlich zu Katzen ist. Der kenianische Fischer teilt seinen Fang. Die französische Pflegemutter füttert Kätzchen in ihrer Wohnung mit der Flasche. Der chilenische Ladenbesitzer adoptiert eine einheimische Katze. Das Spektrum, in dem sich die Menschen bewegen, ist weit – Überfluss oder Knappheit von Ressourcen, Fehlen oder Vorhandensein von Gesetzen –, doch trotz dieser vielfältigen regionalen Unterschiede verbindet uns alle eine gemeinsame Tugend. Mitgefühl ist eine universelle Sprache.

Ich lebe in den Vereinigten Staaten und arbeite als Schriftstellerin und Tierschützerin, die sich für das Wohlergehen von Katzen einsetzt. Mein talentierter Ehemann, Andrew Marttila, ist ein Vollzeit-Katzenfotograf, und gemeinsam leiten wir eine gemeinnützige Organisation zum Schutz von Kätzchen. Gleichzeitig ziehen wir eine Vielzahl neugeborener Katzenkinder auf. Um uns von den Anforderungen der Tierrettung und der kreativen Arbeit zu erholen, sind wir schon immer gerne verreist ... und dachten anfänglich, dass uns das eine Pause von den Katzen verschaffen würde.

Aber natürlich haben wir mit Andrews Kamera und meiner Neugierde eine japanische Katzeninsel besucht, ein Kätzchen in Peru gerettet und Katzen auf einem Markt in Malaysia getroffen, wo wir das Konzept für dieses Buch entwickelten. Gespräche mit internationalen Tierschützern öffneten mir die Augen, und Andrews Fotografien ermöglichten uns einen atemberaubenden Einblick in die Welt der Katzen. Je mehr wir erfuhren und erlebten, desto mehr wollten wir über das Leben von Katzen auf der ganzen Welt und über die Menschen, die sie lieben und pflegen, erfahren.

Wir reisten ohne großes Produktionsteam. Andrew trug seine vierzig Pfund schwere Ausrüstung auf dem Rücken, manchmal in brütender Hitze oder auf tückisch steilen Wanderwegen und machte dabei die Fotos für dieses Buch. Die Geschichten, die Sie lesen werden, beschreiben echte Menschen – ehemalige Fremde, die uns in ihrem Leben willkommen hießen und liebe Freunde wurden.

Dieses Buch repräsentiert nicht die ganze Welt und keines der Kapitel ein komplettes Land. Vielmehr gewährt es einen faszinierenden Einblick in die unverfälschte Schönheit der Katzen und Menschen, mit denen wir unseren Planeten teilen, und rückt das Mitgefühl in den Mittelpunkt, das uns verbindet. Wir hoffen, dass dieses Buch Sie dazu inspiriert, die Welt auf Ihre eigene Weise zu verbessern, während sich die gemeinsame Geschichte von Mensch und Katze weiterentwickelt.

MALAYSIA

OFFIZIELLE SPRACHE: Malaiisch

KATZE: Kucing

PENANG

George Town auf der Insel Penang ist berühmt für sein Straßenküchen. Aus aller Welt strömen Scharen begeisterter Streetfood-Fans herbei, um sich die lokalen Köstlichkeiten schmecken zu lassen. Essen bringt Menschen und Tiere zusammen. Daher war es keine Überraschung, dass überall in dieser schönen Stadt, die für ihre Küche berühmt ist, Katzen leben.

Unser Besuch fiel in die Zeit des chinesischen Neujahrsfests, zu dem viele Einheimische ihre Familien besuchen, sodass die Märkte leer sind und die Stadtviertel untypisch ruhig. Aber während die menschlichen Bewohner weg sind, breiten sich die einheimischen Katzen aus. Keine Menschenseele war zu sehen, außer einem jungen, braunen Kater mit struppigem Schwanz, der am Wegesrand stand. Er miaute, als wolle er eine Einladung aussprechen, und hüpfte in einen großen, leeren Fleischmarkt, wo sich eine Katzenfamilie bequem auf den Betonplatten ausbreitete.

In der Mitte saß ein junges Kätzchen, dessen große Augen von den Oberlichten über mir beleuchtet wurden. Neugierig und unsicher näherte es sich vorsichtig meiner ausgestreckten Hand und schnupperte daran. Die Zeit stand still, als wir uns gegenseitig betrachteten. Sah das Kätzchen mich als potenzielle Gefährtin oder als bloße Passantin an? Wenn ich es anschaute, sah ich dann ein verlassenes Jungtier oder ein geschätztes Mitglied einer frei lebenden Gemeinschaft? Als das Kleine genug von meinem Blick hatte, galoppierte es in Richtung einer getigerten Katze, die ihm sanft den Kopf leckte, und ich hatte meine Antwort.

In Penang trifft man überall auf Katzen. Einige haben eine Bezugsperson, andere haben zehn, und wieder andere versorgen sich selbst, indem sie jagen und nach Futter suchen. Viele haben sogar ein Zuhause, können aber auch nach draußen, wenn sie wollen. »Nur die Reichen und Berühmten halten Katzen wie Käfigtiere«, sagt Satya, ein lokaler Naturforscher. »Die meiste Zeit sind die Katzen frei.«

Auf der anderen Seite der Insel, im kleinen Fischerdorf Teluk Bahang, führen Pfotenabdrücke im Sand zu einem Freiluft-Refugium am kristallblauen Wasser der Straße von Malakka. Im Cat Beach Sanctuary faulenzen die Katzen im Schatten der Palmen und genießen die Meeresbrise. Jede Katze kann sich frei bewegen, hat ihr eigenes Revier und ihre eigene soziale Gruppe sowie Zugang zum Sandstrand, der als riesiges Katzenklo dient (das täglich mit einer großen Harke gereinigt wird!).

Nah am Wasser wurde ein altes Holzhaus zu einer Anlaufstelle und Entbindungsstation für Katzenfamilien umfunktioniert. Drinnen miauten die Katzen, während ein Freiwilliger eine Mischung aus gekochtem Reis, zerkleinertem Hühnerfleisch und Katzenfutter zubereitete. Laut Teviot Fairservis, die zusammen mit dem örtlichen Fischer Nana Bin Wanchik die Organisation gegründet hat, kommen viele Katzen hochträchtig an oder säugen bereits junge Kätzchen. »Leider führt Aberglaube dazu, dass viele ihre Katzen nicht sterilisieren lassen, weil das angeblich die Fruchtbarkeit ihrer eigenen Familie beeinträchtigen könnte«, erzählt sie.

Teviot hofft, einen Wandel in der gesamten Region herbeizuführen, indem sie Besucher dazu einlädt, Zeit mit den Katzen in ihrem Schutzgebiet an der Küste zu verbringen: »Hier im Fischerdorf leben die Menschen in einer kleinen Gemeinschaft eng zusammen, in der die Katzen ein- und ausgehen. Aber in einkommensstärkeren Gebieten lassen viele Hausverwaltungen keine Katzen im Gebäude zu. Wir wollen, dass sich das ändert, denn ein Haus ist kein Zuhause ohne eine Katze.«

PAHANG

Eingebettet in die Titiwangsa-Berge liegen die sanften Hügel der Cameron Highlands mit Teeplantagen und Erdbeerfarmen. Die fruchtbare Landschaft und die malerischen Ausblicke sind nicht nur für Besucher und Einheimische attraktiv, sondern auch für eine Reihe von Katzen, die in den Wohngebieten leben.

Wir genossen die kühle Bergbrise, als wir die Gegend zu Fuß erkundeten, und trafen auf Khalil, der in der Einfahrt seines Hauses in Brinchang den Bauch einer Katze streichelte: »Wenn jemand sie rausschmeißt, nehme ich sie auf«, sagte er liebevoll. An der Seite seines Hauses hing ein gelbes Halsband als Erinnerung an eine Katze, die kürzlich verstorben war. Er hielt seine Hand an sein Herz: »Wenn ich das Halsband sehe, ist mein Herz so traurig.«

Eine Stadt weiter, in Tanah Rata, panierte ein Straßenverkäufer ganze Fische und briet sie in einer Gusseisenpfanne. Der Duft lockte die einheimischen Familien an – Menschen und Katzen gleichermaßen. Der nächstgelegene Platz zur Küche wurde von einer Katzenmutter und einem ihrer jungen Kätzchen eingenommen, die geduldig auf einem Plastikstuhl hockten und wie treue Gäste auf ihr Lieblingsessen warteten. Die wilderen Kätzchen hüpften zwischen den Tischbeinen und den Füßen der Kunden hin und her und stürzten sich auf die heruntergefallenen Essensreste.

Keiner der Gäste schien die Katzen zu beachten, bis auf einen: ein kleiner Junge, der ganz hinten saß. Er streckte sich, um über die Tischkante zu schauen und schenkte uns ein schüchternes Lächeln. Ich lächelte zurück und zeigte auf die Kätzchen.

»Meong«, sagte das Kind und ahmte das Geräusch einer Katze nach. »Miau«, antwortete ich. Wir kicherten beide – wir hatten eine gemeinsame Sprache gefunden.

Kätzchen genießen Essensreste
von einem Straßenimbiss.

Italianos
6 p/x
$1000

CHILE

OFFIZIELLE SPRACHE: Spanisch

KATZE: Gato

SANTIAGO

Die weitläufigen Obst- und Gemüsemärkte von Santiago in Chile sind einmalig auf der Welt. Wer La Vega Central – einen der größten Märkte Südamerikas – betritt, taucht ein in ein lebendiges Labyrinth voller verlockender Köstlichkeiten. Wenn man langsam durch die Hunderte von Ständen geht, sieht man Katzen, die zwischen Tüten aromatischer Gewürze herumschleichen, sich auf Kartoffelstapeln ausruhen und unter Tischen hervorlugen, um Hallo zu sagen.

»Die Katzen, die hier leben, sind wirklich die Könige dieses Ortes«, sagt Francisco Cabezas, Mitbegründer des Projekts Gatos de la Vega. »Sie sind sehr präsent und werden sehr respektiert.«

Man sagt, dass in La Vega nicht die Ladenbesitzer die Katze auswählen und die Katzen nicht den Ladenbesitzer; die Katze wählt den Laden aus. Sobald die Katze »ihren« Stand gefunden hat, fängt der Verkäufer an, sie zu füttern, und eine Arbeitsbeziehung ist geboren. Wenn der Verkäufer umzieht oder sein Geschäft schließt, erbt der nächste Besitzer die Katze zusammen mit dem Standort.

»Die Katzen gehören zum Geschäft«, erklärt Mireya Osorio, die andere Mitbegründerin des Projekts. »Wenn die Verkäufer sie kennengelernt und eine Beziehung zu ihnen aufgebaut haben, lieben sie die Katzen. Sie geben ihnen Namen; sie sind wie ein Teil ihrer Familie.

An einem Stand für getrocknete Bohnen tollte eine freundliche Katze in einer leeren Kiste herum und hielt den Ladenbesitzer davon ab, Nachschub zu holen. Der Verkäufer erklärte: »Er heißt Diego. Diego de la Vega!«

Dann hielten wir an einem Stand für vegetarische Spezialitäten und Delikatessen an. Neben der Kasse lag ein kleines Kätzchen namens Violeta zusammengerollt in einem weichen Bett mit einem Schild, auf dem stand: »Stören Sie das Kätzchen nicht. Sie ist nicht zur Belustigung der Kunden da. Sie ist die Chefin.«

An einem großen Tomatenstand hat ein Verkäufer ein außergewöhnliches Ritual mit einer Calico-Katze namens Lady entwickelt. Alle paar Stunden halbiert er eine frische Tomate und legt sie auf den Tisch, damit die Katze den Saft lecken kann. Sie hat zwar Zugang zu Wasser und Futter, aber Tomatensaft ist ihr Lieblingssnack. Eine Reihe aufgeschnittener Tomaten beweist, dass die Katze geliebt wird.

Francisco erklärt, dass Lebensmittellieferanten als sauberer gelten, wenn sie eine Katze haben, weil die Kunden sicher sein können, dass es dort keine Nagetiere gibt. »Dies ist ein sehr großer Markt im Zentrum der Stadt, daher wird jede Maßnahme, um diesen Ort sauber zu halten – wie eine Katze –, sehr gerne gesehen.«

Eine zentrale Rolle für den Erfolg der Katzen auf dem Markt spielt die Freiwilligengruppe Callejeritos de la Vega, die sich um die Sterilisation, die tierärztliche Versorgung und das Futter für die Katzen kümmert. Mitfühlende Kunden können in vielen Geschäften über aufgestellte Spendenboxen zur Unterstützung des Projekts beitragen.

Laut Francisco und Mireya ist die Fürsorge für Bedürftige ein Prinzip auf dem Markt. »In Chile haben wir das Wort *aguachar* – es bedeutet ›sich kümmern‹. Wir machen uns das zu eigen«, erzählt Francisco. »La Vega hat dieses Motto – es lautet: ›Nach Gott ist La Vega.‹« Mireya nickte: »Wenn du etwas zu essen brauchst, kannst du es hier finden. Wenn du kein Geld hast und trotzdem etwas zu essen brauchst, kannst du es hier finden.« Francisco stimmt zu: »Das gilt auch für die Katzen. Das ist ein Teil unserer Kultur. Keiner wird vernachlässigt.«

JARDINERA
MAYOR
$1350 KG.
PAPAS PRE FRITAS
$10690
$2700 LA BOLSA
PAPAS DUQUESA
$1450 KG.
1990
Mister VEGGIE
Bocaditos
Minuto

D'ANAFRIA

squid
KIWIFRUIT

Bernie

EL KG

VALPARAÍSO

In Valparaíso, der chilenischen Stadt mit dem Spitznamen »Juwel des Pazifiks«, schmiegt sich ein farbenfrohes Gebäudelabyrinth an die Küste. Wir folgten einer getigerten Katze zum Fuße des steil abfallenden Hügels, wo wir die Wahl hatten: mit der Standseilbahn nach oben zu fahren oder die Stufen zu erklimmen, die endlos zu sein schienen. Als wir auf die kunstvoll geflieste Treppe traten, schaute eine Katze zurück und blinzelte uns zu – eine klare Aufforderung, den Weg zu Fuß zu gehen! Schritt für Schritt ging es nach oben, vorbei an ausdrucksstarken Wandgemälden und zur Begrüßung aller Katzen auf dem Weg.

Auf dem Cerro Panteón – einem von mehr als 40 Hügeln der Stadt – begrüßte uns eine stimmgewaltige Katze namens Larussia auf dem Cementerio N° 1, einem Friedhof aus dem 19. Jahrhundert und Nationaldenkmal. »Glauben Sie ihr nicht, sie wird jeden Tag gefüttert«, lachte ein Wachmann, als Larussia uns miauend folgte. Sie sprang über neoklassizistische Mausoleen, setzte sich auf ein Grab und genoss den Panoramablick auf die bunten Häuser am Hang.

Valparaíso ist die Hauptstadt der Streetart in Chile. Viele Wände sind mit farbenfrohen Wandbildern geschmückt – von denen viele Katzen zeigen! Unter der Militärherrschaft von Augusto Pinochet war jede politische Kunst verboten,

FAMILLE

FAMILLE
ROCHE C

und Valparaíso wurde wegen seiner steilen und schmalen Straßen zu einem geheimen Zufluchtsort für visuelle Ausdrucksformen. Wandmalereien wurden zu einem Symbol der Hoffnung, und in den 1990er-Jahren wurde Streetart in Valparaíso legalisiert, um die künstlerische Freiheit zu fördern.

Seit Jahrzehnten sind die Straßen die Heimat zahlreicher Katzen, die zweifellos viele Künstler inspiriert haben, darunter den chilenischen Dichter, Nobelpreisträger und Diplomaten Pablo Neruda, der mehrere Gedichte über die lokalen katzenartigen Musen schrieb: »Die Katze, nur die Katze, erschien vollständig und stolz: völlig fertig geboren, geht allein und weiß, was sie will.«

Wenn Neruda nur Zuttu gekannt hätte, eine literarische Katze, die zum offiziellen Maskottchen der örtlichen Buchhandlung geworden ist. Der Kater saß in der Tür der Librería Mar de Libros – ein perfekter Köder. Als wir ihn begrüßten, winkte der Angestellte zu uns herüber und zeigte auf die Zuttu-Fanartikel im Laden.

In der Nähe des Buchladens sind die Open-Air-Bodegas willkommene Zwischenstationen für umherstreifende Katzen.

Am Fenster des Mercado El Cardonal schlich die Silhouette einer Katze vorbei. Wir traten ein und fanden ein Reich von Lebensmitteln in einem lebhaften Markt des 19. Jahrhunderts vor, wo die ansässigen Katzen den Verkauf von Paprika, Mais und Auberginen überwachten und buchstäblich auf einem Bett von Salaten schliefen. Ein Verkäufer namens Horacio suchte Gemüse für einen Kunden aus und achtete darauf, seine Katzenfreundin nicht zu stören: »Das ist Alfonzina; wir kümmern uns um sie, seit sie zwei Monate alt ist«, sagte er. Auf die Frage, wie es dazu kam, dass er sich mit ihr anfreundete, war seine Antwort einfach: »Wir haben uns gegenseitig ausgesucht.«

NIEDERLANDE

OFFIZIELLE SPRACHE: Niederländisch

KATZE: Kat

AMSTERDAM

In den Straßen des Amsterdamer Stadtzentrums kommen Sie an schmalen Grachtenhäusern, belebten Cafés mit Sitzgelegenheiten mit Tischen bis auf den Gehsteig hinaus und an malerischen Hausbooten vorbei, die in den Grachten vertäut sind. Hier leben auch viele Katzen in und um Geschäfte, Büros und Hotels bis hin zu den weltberühmten Cannabisläden.

Es hat sich herausgestellt, dass die historischen Gebäude, die an den Grachten liegen, nicht nur für Touristen attraktiv sind, sondern auch für jede Menge Nagetiere. »Was haben Sie lieber in der Nähe von Lebensmitteln: eine Katze oder jede Menge Mäuse?«, fragte ein Tierretter und erklärte, dass es üblich ist, dass sich Restaurants melden, weil sie eine Katze adoptieren möchten. Trotz der jüngsten Maßnahmen der Lebensmittelsicherheitsinspektoren ist es für Restaurants immer noch weitgehend gesellschaftsfähig, Katzen zu halten, um Nagetiere zu bekämpfen.

»Eigentlich dürfen wir keine Katze haben, aber die Gäste sehen ihn gerne hier«, sagt ein Kellner über Pedro, einen Kater, der tagsüber im Brunch-Café und nachts in der Tapas-Bar lebt: »Er kann überallhin, nur nicht in die Küche.«

»Früher hatten wir eine Katze, aber dann wurde sie verboten. Also haben wir jetzt die Mäuse«, sagte ein Angestellter eines anderen Cafés und schüttelte bedauernd den Kopf.

Mouse lebt in einer örtlichen Poolbar.

Auf der Terrasse eines beliebten holländischen Restaurants wurde uns Mango vorgestellt, eine orangefarbene Katze mit weißen Stiefeln: »Sie können viel Geld in die Vernichtung der Mäuse stecken, aber es wird nicht funktionieren. Nur die Katze funktioniert«, erklärte der Kellner, warum das Restaurant Mango nicht aufgeben will: »Und natürlich ... mag jeder Katzen.«

Während Restaurantbesitzer vor der schwierigen Entscheidung stehen, ihre Katzen wegzugeben oder Geldstrafen zu riskieren, ist es in anderen Geschäften völlig legal, eine Katze zu haben

– und man sieht sie oft in den Schaufenstern und in den Gängen der Einzelhandelsgeschäfte. Bei Kilosale Vintage ist eine Katze namens Gerda die Königin des Ladens: »Sie hinterlässt Fellhaare auf den Kleidern, aber alle lieben sie, und niemand stört sich daran«, sagt Els, die Besitzerin. Auf einem Schild an der Ladentheke steht: »Lass mich in Ruhe, oder ich beiße dir den Kopf ab.«

Sirin und Duman leben in einem Reisebüro.

Jackie nennt ein Boutiquehotel ihr Zuhause.

Memati wohnt in einer Schneiderei.

Rizla lebt in einer Cannabis-Lounge.

Die Katzenliebe der Amsterdamer geht so weit, dass die Stadt eines der größten Katzenmuseen der Welt besitzt, das KattenKabinet. Ein dort lebender schwarz-weißer Kater namens Oscar führte uns durch das prächtige Gebäude, das eine beeindruckende Sammlung von Bildern, Skulpturen, Fotografien und Erinnerungsstücken zeigt. Im Musikzimmer nahm er auf einem Flügel Platz, der von allen Seiten von Kunstwerken umgeben war, die seine Spezies würdigen, und führte uns dann in einen Innenhof, der mit Katzenpostern aus aller Welt gesäumt war.

Hinter Oscar zeigt ein Gemälde von Adolphe Willette aus dem 19. Jahrhundert eine überlebensgroße Katze, die ein Dorf überblickt.

Obwohl alle Katzen frische Luft lieben, hat nicht jede Katze in Amsterdam freien Auslauf. Teddy und Monty leben in einer Wohnung, wo sie die Natur von einem geschützten Balkon aus genießen. »Wir verwenden Gartennetze, um die Katzen sicher und im Zaum zu halten«, erklärt ihre Besitzerin, die ehrenamtlich bei einer örtlichen Rettungsorganisation arbeitet. »Katzen können beim Versuch, einen Vogel zu jagen, abstürzen, daher empfehle ich immer, ein Netz anzubringen.«

In Amsterdam gibt es Organisationen, die sich der Rettung von Katzen verschrieben haben. Es gibt Tierambulanzen für kranke und verletzte Katzen, es gibt Tierheime, und dann gibt es noch die Stichting Amsterdamse Zwerfkatten, die eine »Zwischen«-Organisation ist, weil die Katzen zwischen der Straße und dem Tierheim hierherkommen. Alle Katzen hier haben etwas Besonderes an sich, z. B. medizinische Probleme oder ein Trauma«, erklärt die ehrenamtliche Mitarbeiterin Judith Dekker, während sie uns durch die moderne, makellose Einrichtung führt. Wir können ihnen viel Zeit, Raum und Aufmerksamkeit geben,

damit sie sich erholen können. Sobald die Katzen bereit sind, bemüht sich SAZ um die Vermittlung in eines der örtlichen Tierheime, wo die Katzen potenzielle Adoptiveltern treffen und ein passendes Zuhause finden können.

De Poezenboot (Das Katzenboot) ist das erste schwimmende Tierheim der Welt. Das holländische Hausboot ist speziell für Katzen eingerichtet, mit Kratzbäumen, Sitzgelegenheiten am Fenster und einem langen, offenen Steg, auf dem die Bewohner die Brise auf ihrem Fell spüren können, wenn die Schiffe vorbeifahren. De Poezenboot wurde in den 1960er-Jahren gegründet, als Henriette van Weelde, die in einem Haus am Kanal wohnte, begann, Katzen von der Straße aufzunehmen. »Sie hatte zu viele Katzen ... und Streit mit ihrem Mann«, lacht Judith Gobets, die heute die Organisation leitet. »Damals konnte man einfach ein Boot kaufen und es im Kanal vertäuen. Seitdem ist das Hausboot zu einer Wohltätigkeitsorganisation geworden, die jedes Jahr Hunderte von Katzen rettet und von Touristen und Einheimischen geliebt wird, die Spenden hinterlassen können, um den Betrieb aufrechtzuerhalten.

OFFIZIELLE SPRACHE: Spanisch und Englisch

KATZE: Gato und Cat

PUERTO RICO

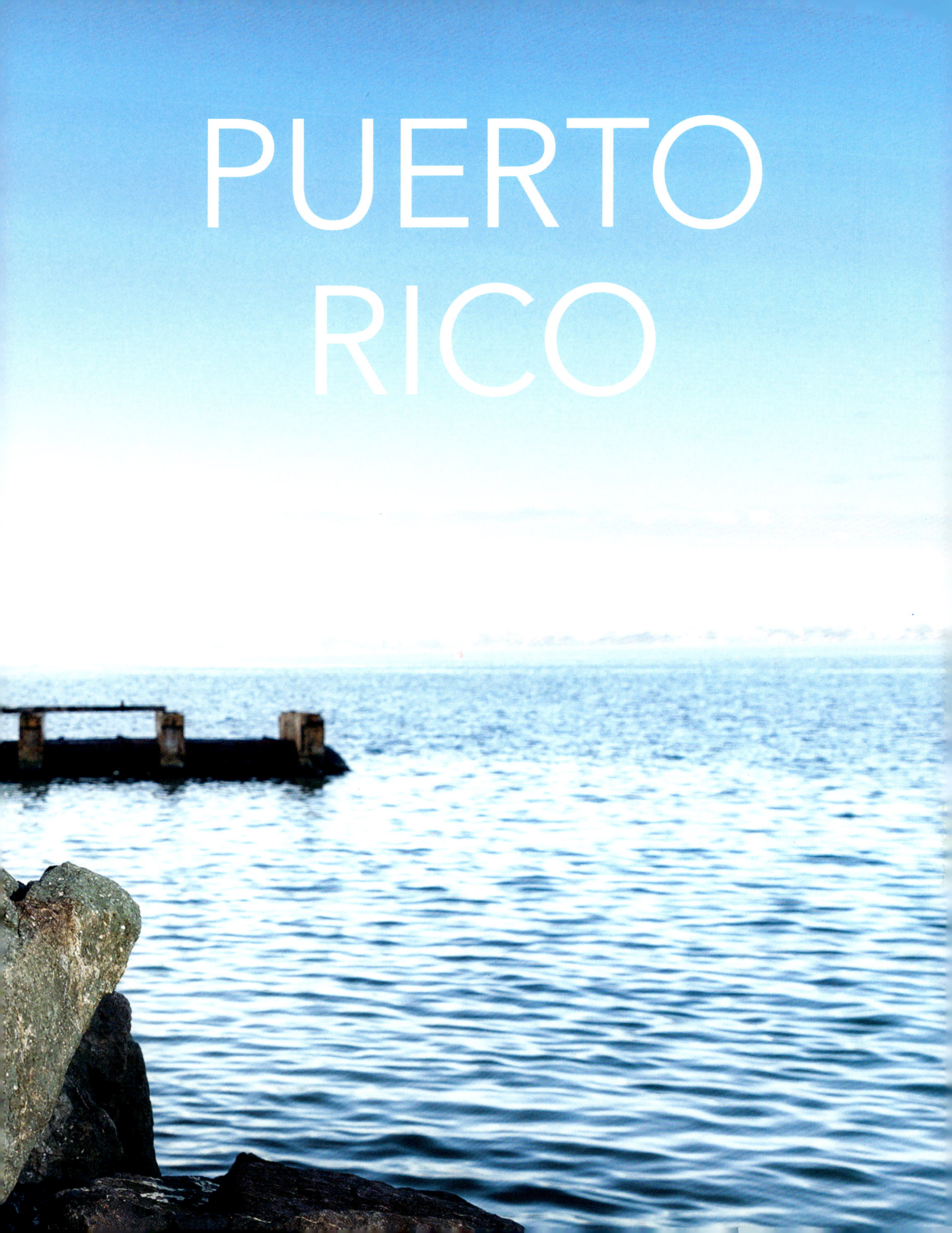

VIEQUES

An Bord eines Propellerflugzeugs mit zwei Motoren machten wir uns auf den Weg zur kleinen Insel Vieques vor der Ostküste Puerto Ricos. Ursprünglich vom Volk der Taíno bewohnt, wurde die Insel 1508 von den Spaniern kolonisiert, die auch die ersten Katzen an die Küsten brachten. Nachdem Vieques zum US-Territorium wurde, führten militärische Waffentests zu jahrzehntelanger Umweltzerstörung, und in der Folge begannen konzertierte Bemühungen der Gemeinde, das Ökosystem wiederherzustellen.

Um der großen Zahl von Katzen, Hunden und Pferden zu Leibe zu rücken, schlossen sich in- und ausländische Tierschützer zusammen und riefen den Spayathon für Puerto Rico ins Leben: eine inselweite Sterilisationsaktion, mit der die Vermehrung von Haustieren eingedämmt werden soll. Als freiwillige Mitglieder des Fangteams packten wir Dutzende von Kisten und Lebendfallen in einen Lastwagen und machten uns auf die Suche nach Katzen, die zur Operation gebracht werden sollten.

Papolte, der sein Leben lang hier wohnt, übergab uns ein graues Kätzchen, das er in die Klinik bringen wollte: »Ich füttere jeden Tag mehr als 60 Katzen«, sagte er, während er mit einer Schöpfkelle das Futter auf der Straße verteilte. Als einziger Tierpfleger in der Gemeinde war er früher mit der riesigen Zahl neugeborener Kätzchen überfordert: »Jetzt sind die meisten sterilisiert, also ist es besser.«

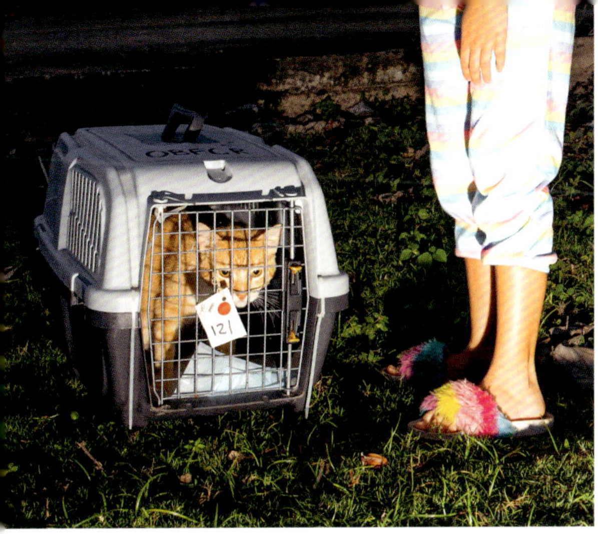

Nach der Sterilisation werden die Katzen in ihre Gemeinden zurückgebracht.

Da es auf der Insel kein Tierheim gibt und dort weniger als 10 000 Einwohner leben, kommt eine Adoption für die meisten Katzen nicht infrage. Um die Population auf ethische Weise zu reduzieren, werden die Katzen gefangen, sterilisiert, geimpft und mit einer kleinen Kerbe im Ohr, die als optischer Hinweis auf die Sterilisation dient, in ihr Zuhause zurückgebracht. Entschlossen, so viele wie möglich zu fangen, suchten wir bis spät in die Nacht mit Sternenlicht und Stirnlampe nach Katzen ohne Kerbe im Ohr, begleitet vom bezaubernden Konzert der Coquí-Frösche.

»Als der Hurrikan Maria zuschlug, flohen die Menschen und die Tiere blieben auf der Insel zurück. Man konnte keine 20 Schritte gehen, ohne einem Streuner zu begegnen«, erklärt Laurie Mosher, Mitbegründerin von Our Big Fat Caribbean Rescue. »Maria war der Auslöser, um zu erkennen, dass wir unsere Ressourcen ausschließlich in die Sterilisation stecken müssen.«

Nach langen Tagen des Einfangens war es schön, abends in ein Hotel mit einer Hauskatze zurückzukehren: »Chita verbringt den größten Teil des Tages draußen, aber jede Nacht wählt sie aus, in welchem Zimmer sie schlafen möchte. Wenn du Glück hast, wählt sie dich«, sagte der Hotelbesitzer. Vielleicht war es Glück – oder vielleicht rochen wir von den langen Fangtagen einfach zu sehr nach Thunfisch … aber sie entschied sich jede Nacht für uns.

CABO ROJO

Nur wenige Tage vor unserem Besuch wurde die Westküste von Puerto Rico von einem verheerenden Erdbeben heimgesucht, das viele Menschen und ihre Tiere aus ihrem Zuhause vertrieb. Zusammen mit einem Freund aus San Juan beluden wir ein Auto mit so viel Katzenfutter wie möglich und fuhren quer über die Insel, um zu helfen. In einer örtlichen Sporthalle wurde eine Station des Roten Kreuzes errichtet, um Familien eine vorübergehende Unterkunft zu bieten – einschließlich ihrer pelzigen Lieblinge. Als wir Säcke mit Trockenfutter auspackten, lud uns ein Mann in die Wohnung seiner Familie ein, um ihre zehn Jahre alte Katze Chari kennenzulernen. »Als das Erdbeben kam, versteckte sie sich unter dem Dach und wir konnten sie nicht finden. Also gingen wir jeden Tag zurück, um sie zu suchen«, erzählte er uns. »Wir haben sie großgezogen, seit sie drei Wochen alt war. Sie bedeutet alles für uns.«

In der Küstengegend von Boquerón suchen Katzen auf der Strandpromenade nach Futter. Wir gingen mit Dellymar Bernal, der Leiterin des örtlichen Tierheims Santuario de Animales San Francisco de Asís, spazieren, während sie die Einheimischen darüber informierte, wie sie Hilfe bekommen können: »So viele Menschen gehen weg, und sie lassen Tiere zurück«, seufzte sie.

Zwar wurde ein großer Teil des Tierheims durch das Erdbeben beschädigt, aber keine Naturkatastrophe hat sie jemals davon abgehalten, zu helfen: »Während des Hurrikans Maria wurde das Tierheim überflutet. Es gab weder Licht noch Telefon. Ich blieb allein mit 300 Tieren«, erinnert sie sich. Jetzt war das Tierheim mit dem Wiederaufbau beschäftigt, während es gleichzeitig verwaiste Katzen rettete.

»Die Katzen spüren vor uns ein Erdbeben«, sagt Angel Vega, der als Bauarbeiter für das Tierheim arbeitet. »Sie knurren den Boden an ... und dann beginnt das Rumpeln.« Er hält einen orangefarbenen Kater im Arm und seufzt resigniert. »Wir müssen bei dieser Arbeit viele Rückschläge hinnehmen, aber am Ende gewinnen die Tiere.«

SAN JUAN

Die Hauptstadt San Juan ist bekannt für ihre koloniale Architektur, ihre historischen Wahrzeichen, die Aussicht auf die Küste und – ja – für ihre vielen Katzen, die sich hier herumtreiben! Katzen leisten den Einheimischen Gesellschaft, spazieren über die gepflasterten Straßen und ruhen sich sogar entlang der Festungsmauern aus, welche die Küste säumen.

Entlang der historischen Festungsmauern haben Katzen einen atemberaubenden Blick auf die San Juan Bay.

An der Küste in La Perla reihen sich bunte Häuser aneinander, und es gibt eine Frau, die jede Katze im Viertel kennt. Irma Podestá, die Präsidentin von Save a Gato, führte uns durch die Gassen in denen sie über 1000 Katzen eingefangen hat. »Ich habe hier 30 Katzen in nur 45 Minuten gefangen«, erzählte sie uns, als sie in einem Pavillon unter freiem Himmel stand, in dem sich eine öffentliche Bibliothek befindet. Auf den ersten Blick sah es so aus, als ob keine übrig geblieben wäre ... bis ich eine getigerte Katze entdeckte, die sich unter einem Bücherstapel versteckte!

Als wir durch die steilen Straßen gingen, schien Irma jeden zu kennen: »Diese Frau hier hatte eine riesige Schar Katzen, bevor ich sie zum Kastrieren überredet habe«, sagte sie mit leiser Stimme, als wir um die Ecke bogen und eine Katzenfamilie zu Füßen einer Frau versammelt sahen.

»Nena! Nena!«, rief die Frau den Katzen zu. Ich stellte mich vor und fragte, welche Nena sei, und sie lächelte: »Sie sind alle Nena!« Gruppennamen sind in La Perla keine Seltenheit. In einer Bar in der Nachbarschaft wurden wir einer Gruppe von Katzen vorgestellt, die alle Kitty hießen. Irma hatte der Barkeeperin geholfen, im Laufe der Jahre fast 50 Katzen sterilisieren zu lassen. Jetzt sind nur noch wenige übrig, und sie dürfen sich auf Tischen und Kühlschränken ausruhen.

»Früher mochte ich keine Katzen, wisst ihr das?«, erzählt Irma. »Dann bin ich nach Old San Juan gezogen. Ich war gezwungen, sie zu mögen, weil sie überall waren. Man versteht es erst, wenn man selbst dazugehört.«

Etwas außerhalb von La Perla bietet der historische Cementerio Santa María Magdalena de Pazzis ein ruhiges Zuhause für eine Katzenkolonie. Wenn Sie langsam an Steinkreuzen und hoch aufragenden Statuen katholischer Persönlichkeiten vorbeigehen, entdecken Sie vielleicht eine Katze, die sich auf einem Grab sonnt und die Stille des heiligen Orts genießt.

Es sind oft die ruhigsten Gegenden, in denen sich die Katzen am meisten vermehren. Der Paseo de Diego, ein einst belebtes Einkaufsviertel, ist nach Aussage eines Einheimischen eine »Geisterstadt« geworden. Als wir an den mit Brettern und Graffiti beschmierten Schaufenstern vorbeigingen, war es so still, dass man eine Stecknadel fallen hören konnte. Unkraut wuchs durch die Ritzen an den Fassaden verlassener Gebäude und Nagetiere huschten vorbei; die Natur eroberte sich das Viertel zurück, und die Katzen beherrschten das Gebiet.

Während die meisten Unternehmen wegen wirtschaftlicher Schwierigkeiten aus dem Gebiet geflohen waren, hatte ein Ehepaar sein Geschäft absichtlich dorthin verlegt: »Es ist der beste Standort für uns. Es ist ruhig, und die einzigen Touristen, die uns besuchen, kommen, weil sie die Katzen lieben«, sagt Des Rodríguez, die Gründerin von Necromancy Cosmetica. Des Rodríguez und ihr Partner Zal Pérez stellen nicht nur

Malévolo und Macabro wurden aus diesem Gebiet adoptiert.

eine erfolgreiche Linie tierversuchsfreier Kosmetika her, sondern betreiben auch ein Katzenhilfsprojekt, Cats of Necromancy.

In ihrem Make-up-Laden finden Sie Gothic-Kunstwerke, stark pigmentierte Lippenstifte und einen ganzen Raum mit Fallen und Transportboxen für die Aufzucht von Kätzchen und die Unterbringung von Katzen zur Sterilisation. Auf dem leeren Fußweg vor ihrem Laden füttern sie verwilderte Katzen, die durch ein Loch in der Wand aus einem verlassenen Gebäude hervorkommen: »Sie mögen keine Menschen«, sagt Des mit einem Schmunzeln, »... aber wir auch nicht!«

Katzen leben nicht nur in und um die leeren Gebäude – sie haben auch die Dächer erobert. Eine Katze mit dem treffenden Namen Skywalker, die auf einer Reihe von leer stehenden Geschäften lebt, weigert sich, auf die Straße herunterzukommen. »Wir haben uns gefragt, wie wir sie zum Fressen bringen können, wenn sie nicht herunterkommen kann«, erklärt Zal, während er ein Blatt Zeitungspapier mit Trockenfutter füllt und es zu einem Ball zerknüllt. »Wir haben angefangen,

›Futterbomben‹ zu machen, und jetzt erwartet sie das jeden Tag.« Skywalker beobachtete aufmerksam, wie Des die Futterbombe auf das Dach schleuderte. Als die Bombe auf dem Dach einschlug, sprang die Katze auf und wälzte sich mit ihr, bis das Futter herausfiel.

Auf dem Weg zurück nach Old San Juan besuchten wir die Einrichtung von Save a Gato – die einzige Tierrettungsorganisation in einem US-Nationalpark! Die erstklassige Lage am Hafen ermöglicht es den Katzen, von Hunderten von Touristen gesehen zu werden, die mit Kreuzfahrtschiffen anreisen, und da etwa 90 Prozent der Adoptionen von Save a Gato außerhalb der Insel stattfinden, ist diese Sichtbarkeit sehr wichtig. »Wir kaufen sogar Reisetaschen in großen Mengen, damit die Leute die Katzen mitnehmen können«, erzählte Irma.

Da wir gerne helfen wollten, boten wir an, mit vier kleinen Pflegekätzchen nach Hause zu fliegen und nannten sie Cacique, Nanichi, Yukiyu und Anani. Irma bereitete den Papierkram vor und fuhr uns mit den Kätzchen im Schlepptau zum Flughafen: »Dies ist definitiv eine Gemeinschaftsaktion«, sagte sie. »Wir konnten das Leben vieler Katzen und vor allem das Bewusstsein vieler Menschen verändern. Jeder kann ein Retter sein, man muss nur handeln, wenn eine Katze einen braucht. Und glauben Sie mir, das tun sie.«

OMAN

OFFIZIELLE SPRACHE: Arabisch

KATZE: قطة / Qittah

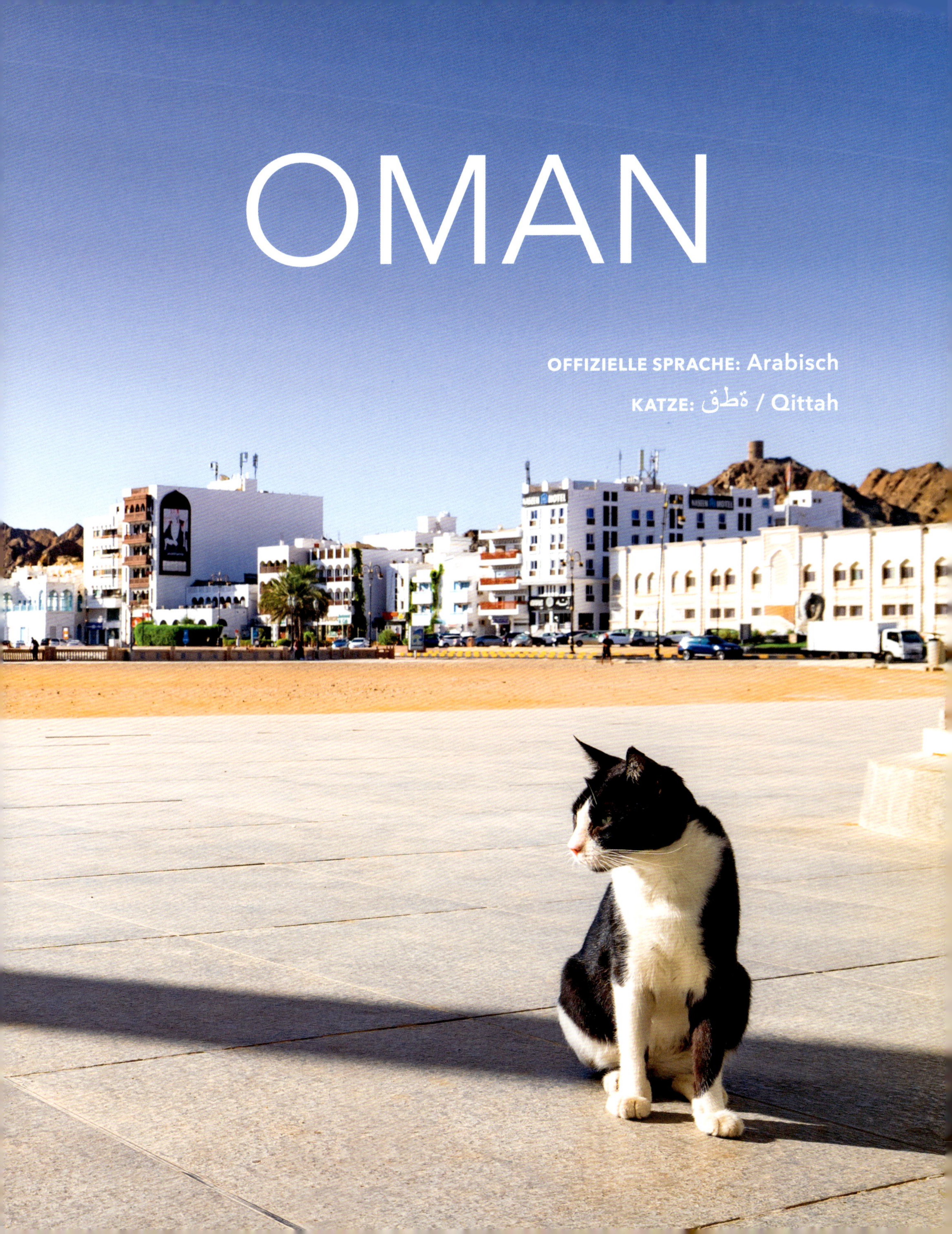

MUSKAT

Die Hauptstadt des Oman ist eine friedliche, malerische Oase. Eine markante Skyline aus weißen Gebäuden steht in starkem Kontrast zu den dunklen, zerklüfteten Gipfeln des Hajar-Gebirges und dem beruhigenden Blau des Arabischen Meeres. Am frühen Morgen sind die Straßen ruhig, abgesehen vom *Adhan* -, dem islamischen Gebetsruf -, der von der Meeresbrise widerzuhallen scheint, wenn die Stadt erwacht. Zwischen den Gängen der Häuser und Märkte schleichen streunende Katzen umher und werfen lange Schatten in das Licht des Sonnenaufgangs.

Wenn die örtlichen Metzgereien ihre Türen öffnen, sind die Katzen aus der Nachbarschaft die Ersten in der Schlange. Diese treuen Kunden haben scheinbar alle ihre eigene Vorliebe für Lamm, Hammel

oder Fisch; die Ladenbesitzer kennen diese Vorlieben und kommen ihnen im Allgemeinen gerne entgegen. Vor einem Geschäft saß ein freundlicher Mann mit einer *Kuma* –, einer traditionellen omanischen Mütze – neben zwei jungen Katzen, die sich auf dem warmen Gehweg sonnten. »Wo immer ich hingehe, gehen sie auch hin«, sagte er und lächelte. »Ich füttere sie mit Hühner-Hotdogs, also mögen sie mich natürlich!« Auch auf dem Fischmarkt von Mutrah zeigen die Katzen unverhohlen ihre Vorlieben. Zwar werden ihnen regelmäßig winzige Heringe angeboten,

aber viele Katzen rümpfen die Nase über alles, was nicht ihren bevorzugten Geschmacksrichtungen entspricht. Es gibt ein stilles Einvernehmen zwischen Fischverkäufern und Katzen, und meistens geben Erstere den Letzteren nach, ohne dass diese mehr als ein leises Miauen von sich geben müssen.

Weiter entlang der Corniche befindet sich einer der ältesten Basare der arabischen Welt, der Mutrah Souq, in dem auch einige temperamentvolle Katzen leben. Eine grünäugige Katze am

Eingang führte uns durch das gewölbte Tor und in ein schwach beleuchtetes Labyrinth von Ständen, an denen Töpferwaren und Silberarbeiten verkauft wurden. Der Duft des omanischen Weihrauchs lag in der Luft, denn in den Geschäften wurde das aromatische Harz verbrannt, das seit Jahrtausenden ein wertvolles lokales Handelsgut ist.

Die berühmteste Katze des Lands ist Moet, eine blinde Perserkatze, die von einem Markt gerettet wurde. Zusammen mit ihrer Schwester Chandon hat Moet Hunderttausende von Followern im Internet und ihrer Adoptivmutter eine soziale Plattform geboten, die ihr sonst vielleicht verwehrt geblieben wäre. »In Oman gibt es keinen Schutz der freien Meinungsäußerung für Menschen ... aber Moet äußert sich online sehr frei«, sagt ihre Besitzerin mit einem frechen Grinsen. »Was sollen die schon machen? Sie ist eine Katze.«

Moet und Chandon führen ein Leben in Liebe und Luxus, wobei jedes Element des Hauses auf die Bedürfnisse blinder Katzen abgestimmt ist: »Alles bleibt an seinem Platz, und sie finden sich zurecht. Sie sind wirklich erstaunlich«, sagte ihre Katzenmutter, während sie ihnen Wasser in den Napf schüttete. Wegen des hohen Mineralgehalts des entsalzten Meerwassers, das aus den Wasserhähnen in Muskat fließt, entscheiden sich viele Katzenbesitzer für gekauftes Wasser aus Flaschen. Während sie ihre eigenen Katzen verwöhnt, setzt sie sich ebenso leidenschaftlich für diejenigen ein, die weniger Glück haben, was in einem Land, in dem es keine Infrastruktur für gemeinnützige Tierhilfsorganisationen gibt, eine Herausforderung ist. Sie gehört zu einem Netzwerk fürsorglicher Menschen, Omani Paws, und nutzt ihre Plattform, um das Bewusstsein zu schärfen.

Ein Kätzchen erhält Unterstützung durch Omani Paws.

»Leider gibt es viele Menschen, die mehr Tiere aufnehmen, als sie sollten, weil es hier nicht genug Heime gibt«, sagt eine Tierarzthelferin, die mit Omani Paws zusammenarbeitet. Weil es zuwenig einheimischen Adoptiveltern gibt, konzentriert sie sich stattdessen darauf, weitere Geburten zu verhindern: »Es gibt hier kaum jemanden, der eine Katze mit nach Hause nehmen will … Also konzentrieren wir uns darauf, sie zu sterilisieren und wieder freizulassen.«

Aber niemand in Oman weiß besser, wie das Leben mit vielen Tieren aussieht, als Maryam Al Balushi, die ihr großes Haus in Azaibah für erstaunliche 480 Katzen und 55 Hunde geöffnet hat. »Das ist mein Problem: Ich habe kein Limit.« Zusammen mit vier Vollzeitmitarbeitern betreibt sie ihr Heim wie ein vollwertiges Tierheim, mit einer Reihe großer Katzentoiletten an jeder Tür und täglichen Tierarztbesuchen: »Wenn ich eine Katze mit schlechten Augen finde ... einem gebrochenen Bein ... wie kann ich sie zurücklassen? Das kann ich nicht.«

Maryam ist leidenschaftlich, während sie spricht, und es ist klar, dass sie keine andere Möglichkeit sieht, als ihre Politik der offenen Tür beizubehalten. »Der Prophet Mohammed sagt, dass

Katzen zur Familie gehören. Und er sagt auch, dass man einer blinden Katze, die ins Haus kommt, Futter geben soll. Ich verstehe also nicht, warum die Menschen Tiere wie Feinde behandeln«, berichtet sie, die sich aufgrund ihrer Bemühungen missverstanden und ausgegrenzt fühlt: »Die Leute beschweren sich über mich, aber trotzdem lassen sie Katzen vor meiner Tür zurück«, seufzt sie.

Auf der anderen Seite der Stadt kletterten die dämmerungsaktiven Katzen über die Mauern, um sich ihr Abendessen zu holen, während die Sonne über Muskat unterging. Sie haben einen feinen Gaumen: Wenn man ihnen Trockenfutter oder Fisch und Reis anbot, entschieden sie sich alle für das frisch gekochte Essen, das ihnen vorgesetzt wurde. »Man kann die Katzen hier nicht ignorieren. Wenn man auch nur ein bisschen Freundlichkeit in sich hat, kann man das nicht«, sagte eine einheimische Frau namens Parul, als sie eine Katzenkolonie in der Nachbarschaft fütterte. Sie beugte sich hinunter, um eine Katze, die um ihre Beine strich, zu streicheln, und lächelte.

Am Abend werden die Straßen von Muskat von herumstreunenden Katzen belebt.

FRANKREICH

OFFIZIELLE SPRACHE: Französisch

KATZE: Chat

PARIS

Unser erster Tag in Paris begann in einem Café, wo wir uns mit Princess Alice trafen, einer kleinen schwarzen Katze mit einer riesigen Persönlichkeit. Sie saß auf dem Tisch, als gehöre ihr der ganze Laden, und schnupperte an dem, was wir ihr anboten. Tee und Kaffee interessierten sie nicht, aber als ich ein Stück Baguette abriss, drückte sie ihr Gesicht in die Mitte und begann zu kauen, als ob sie das Brot für sich selbst gekauft hätte. Ihr Besitzer Tyler lachte – das war typisch Alice.

In Paris ist ein Café kein Ort, an dem man einen Kaffee mitnimmt, um ihn im Gehen zu trinken – es ist ein Ort, an dem man eine Zeit lang verweilt. Nachdem wir ausgetrunken hatten, spazierten wir die Rue Mouffetard hinunter, eine malerische Kopfsteinpflasterstraße, auf der Händler frisches

Gemüse und Blumen verkaufen. Am Ende einer dünnen schwarzen Leine stolzierte Alice selbstbewusst umher und nahm die Gerüche und Sehenswürdigkeiten in sich auf. »Die Leute fragen mich, wie sie ihre Katzen mitnehmen können«, sagte Tyler. »Ich sage ihnen, sie müssen nur geduldig sein und auf ihre Katze hören.«

Wenn Sie auf den Straßen von Paris einen Blick in die Geschäfte werfen, entdecken Sie gelegentlich ein Katzengesicht im Schaufenster! Bei Fleurs de Prestige trafen wir Moustache, einen

scheuen, einjährigen Kater, der sich an einer Kollektion wunderschöner langstieliger Rosen vorbeischlich. »Mein Lieferant brachte ihn mit, und ich sagte: ›Oh nein, ich brauche keine Katze.‹ Aber dann sah ich ihn und sagte ... ›Okay‹«, erinnert sich Charles, der Besitzer des Blumenladens. »Jetzt geht er jeden Morgen mit mir zum Blumenmarkt. Und danach kommen wir hier in den Laden. Abends kommt er dann mit mir nach Hause. Jeden Tag.«

Bei Mergui, einem Geschäft für Luxusschmuck, sind die Schwestern Rolex und Chelsea im Ausstellungsraum zu Hause: »Mein Name bedeutet ›Löwe‹, deshalb habe ich Katzen«, sagt Inhaber Arie Mergui. Das getigerte Duo hat ein Gespür dafür, im Schaufenster zu sitzen und damit Kunden anzulocken: »Man sieht die Gesichter der Leute, wenn sie die Katzen sehen. Sie lieben sie!«

Ein Pariser Unternehmen, das auf Katzen als Gäste spezialisiert ist, heißt Aristide. Es ist eine hochmoderne Pension, in der Katzen untergebracht werden können, während ihre Familien verreist sind. Aber es ist kein gewöhnliches Katzenhotel – sondern ein atemberaubender Rückzugsort für Katzen. Die Katzen laufen über kühne, farbenfrohe Laufstege und ausgeklügelte Spielbereiche und haben viel Platz, um zwischen Privatsphäre und Geselligkeit zu wählen. »Als Kind wollte ich immer Hotelier werden«, sagt Besitzer Gauthier Berdeaux. Angesichts der vielen Rassekatzen frage ich, was in Paris üblicher ist: eine Katze zu retten oder zu kaufen? »Das Problem ist, dass es in Paris keine Adoptionsstelle gibt«, erklärt Gauthier. »Man muss in eine andere Stadt fahren, und die meisten Pariser haben kein Auto.«

Es gibt aber in Paris einen etwas unkonventionellen Ort, an dem Sie Katzen adoptieren können! Le Triangle ist ein immersiver Escape-Room, in dem die Besucher ein mysteriöses Spiel über machthungrige Katzen spielen, die die Welt erobern wollen. Aber das Beste ist, dass es im Escape-Room echte, adoptierbare Katzen gibt: »Wir lieben Katzen. Wir lieben Escape-Rooms. Aber ich habe noch nie einen Escape-Room mit Katzen gesehen«, sagt die Besitzerin Shona Roulleau, deren Ziel nicht nur ist, dass die Leute es rausschaffen, sondern auch, dass sie es mit einer Katze rausschaffen.

Totoro und Tiramisu liegen auf einem Laufstall im Wohnzimmer – im Hintergrund ein traditioneller Balkon.

Tabasco wirft einen ersten Blick auf die Welt. In der Ferne geht die Sonne über dem Eiffelturm unter.

Im 15. Arrondissement hat die Tierarzthelferin Nastassja Renard ihre eigene Adoptionsorganisation, Kitties in Paris, gegründet. Sie lud uns ein, die 13 Pflegekätzchen kennenzulernen, die in ihrer Wohnung im oberen Stockwerk eines Pariser Altbaus leben. Eine steile Treppe führte zu einem hellen Raum voller energiegeladener Kätzchen, von denen die meisten aus den Vorstädten stammten. »In Paris gibt es viele sterilisierte Katzen, deshalb gibt es hier weniger Kätzchen«, sagte Nastassja, »aber außerhalb der Stadt ist das anders.«

Pariser Balkone sind mit ihren großen Glasfenstern und kunstvollen Metallarbeiten unbestreitbar schön. Doch leider stellen sie ohne Schutzgitter eine Gefahr für neugierige Katzen dar. Einige Bewohner haben daher Sicherheitsnetze angebracht: »Das Erste, was ich gemacht habe, als ich eingezogen bin, war, ein Netz anzubringen, weil es hier so heiß wird, dass man das Fenster den ganzen Sommer über offen lassen muss«, sagt ein Katzenbetreuer, der in einem Gebäude aus den 1750er-Jahren ohne Klimaanlage wohnt. »Squirrel liebt es, im Blumenkasten zu sitzen und hinauszuschauen.«

Der vielleicht skurrilste katzenfreundliche Balkon in ganz Paris gehört zu Samuel Vezinats Curiosités du Monde, einer »Wunderkammer« mit antiker Kunst und Artefakten von 3000 v. Chr. bis 1930. Von innen bis außen sind alle Wände und Flächen mit Relikten bedeckt, die er sammelt und verkauft, unter denen auch Samuels riesige schwarze Katze Ponpon und sein Freund Domino liegen: »Jedes neue Stück, das ich mitbringe, lieben sie. Ponpon ist von Antiquitäten sehr inspiriert.«

Domino und Ponpon posieren mit einer Holzschnitzerei und einem französischen Sparschwein, beide aus dem 19. Jahrhundert.

Samuel, der Kunstgeschichte und Archäologie an der École du Louvre studiert hat, interessiert sich besonders für die kulturhistorische Bedeutung schwarzer Katzen in der Kunst: »Im mittelalterlichen Frankreich, vom 13. bis zum 17. Jahrhundert, beschuldigte man die schwarzen Katzen der Zauberei – der schwarzen Magie. Die schwarze Katze wurde zum Symbol der Anarchie und der Auflehnung gegen die Obrigkeit«, erklärt er, während er uns eine antike Holzschnitzerei zeigt: »Wie Sie sehen können, ist dieses Gesicht eine schwarze Teufelskatze. Diese Katze ist nicht sehr

Samuel und Ponpon präsentieren Regale mit Kuriositäten.

freundlich ... Deshalb mag ich sie.« Schwarze Katzen sind in der Kunst und im Brauchtum Frankreichs seit Langem ein Symbol für Rebellion und künstlerische Freiheit; diese Darstellung ist weltweit am deutlichsten auf dem ikonischen Plakat mit der schwarzen Katze zu erkennen, das für Le Chat Noir wirbt, das erste moderne Kabarett der Welt. »Es ist eine meiner größten Inspirationen«, sagt Samuel über das Kunstwerk, mit dem im 19. Jahrhundert für den Nachtclub geworben wurde, in dem Künstler Varietévorstellungen aufführten. Mehr als 200 Jahre nach der Gründung des Clubs fand Samuel auf dem Friedhof von Montmartre eine schwarze Katze, was seine Liebe zu diesen Tieren noch verstärkte: »Viele Menschen in Frankreich würden niemals schwarze Katzen haben wollen. Manche Leute sind immer noch abergläubisch und halten sie für gefährlich«, sagt er. Zum Glück für Ponpon wird er nicht nur akzeptiert – er wird verehrt, als wäre er selbst ein Kunstwerk.

Es ist keine Überraschung, dass Ponpon von einem Friedhof gerettet wurde; die friedlichen Gedenkgärten von Paris sind willkommene Zufluchtsorte für Katzen. Auf dem Friedhof Père Lachaise finden Sie scheue Katzen, die zwischen den Gräbern von Jim Morrison, Oscar Wilde und Édith Piaf umherlaufen. Auf dem Friedhof von Montmartre, der Ruhestätte von Alexandre Dumas und Dalida, kommen Sie an Dutzenden von Katzen vorbei, die sich im gedämpften Licht sonnen.

Als ich durch die Stadt schlenderte, entdeckte ich eine Frau mit silbernem Haar, die an einem Zapfhahn Wasserflaschen abfüllte und sie in einen Rollwagen stellte. *»Bonjour. Parlez-vous anglais?«*, fragte ich und versuchte, mich an das wenige Französisch zu erinnern, das ich kann. Ich zeigte auf meine Katzentattoos und legte meine Hände auf mein Herz.

Sie lächelte und nickte: »Nur ein bisschen Englisch«, sagte sie und drehte den Wasserhahn zu, damit wir uns unterhalten konnten. Wir sprachen in einer Kombination aus Französisch, Englisch und Handzeichen. Sie erzählte, dass sie und ihre Freunde vor langer Zeit begonnen haben, die vielen Katzen auf dem Montmartre sterilisieren zu lassen. Jetzt ist die Population stabil, es gibt nur noch 40 Katzen. Als ich ihr unsere Fotos zeigte, rief sie wie eine stolze Mutter ihre Namen: »Snoopy! Nouga!«

Monique, die 86 Jahre alt ist, kommt seit 20 Jahren jeden Tag. Jetzt, wo nur noch ältere Katzen übrig sind, wünscht sie sich, dass die Menschen sie in Ruhe lassen: »Es ist nicht gut, wenn die Leute sie in ihre Wohnungen mitnehmen. Die Katzen sind hier glücklich, denn sie sind frei geboren.«

DELATTRE GATEAU

Famille
LEGENDRE

SÜDAFRIKA

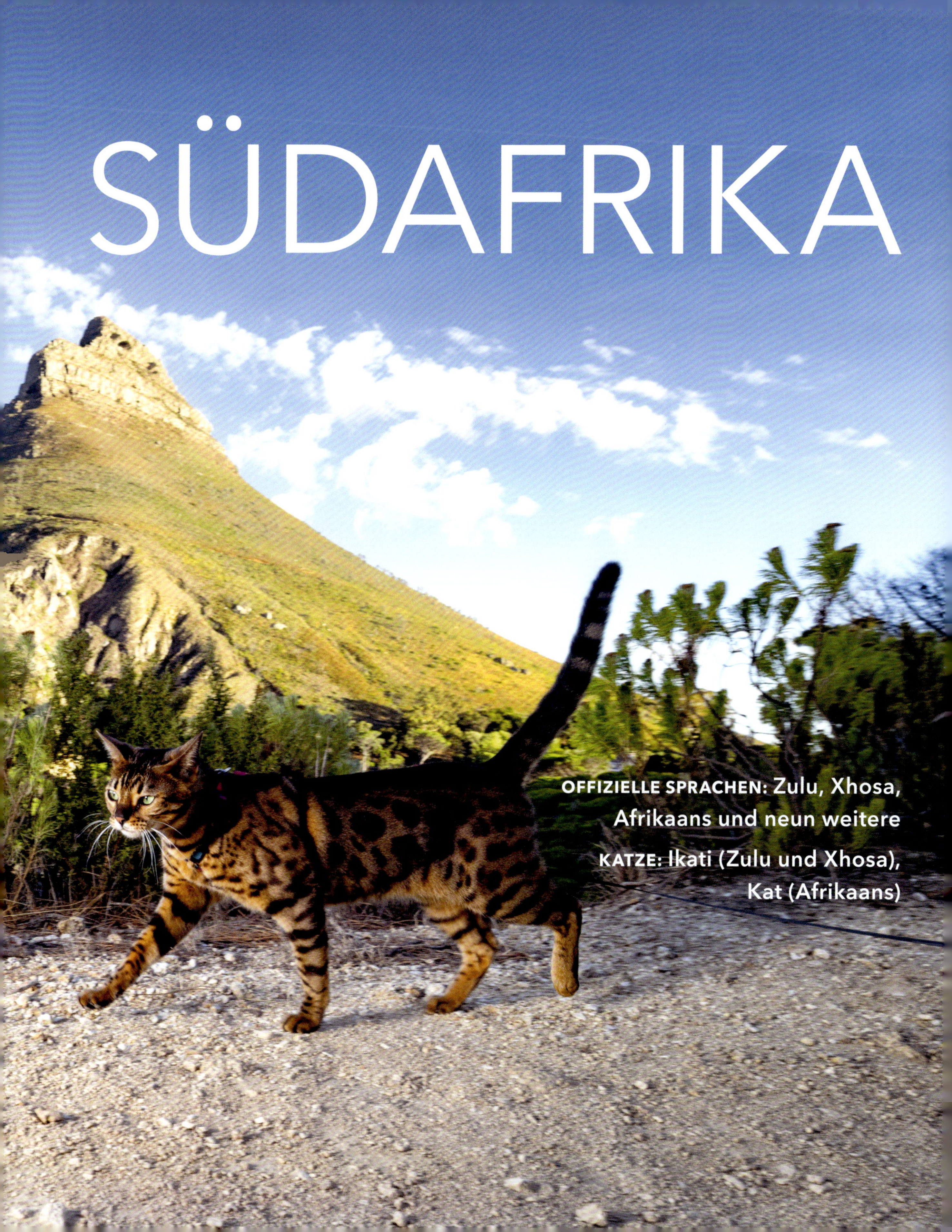

OFFIZIELLE SPRACHEN: Zulu, Xhosa, Afrikaans und neun weitere

KATZE: Ikati (Zulu und Xhosa), Kat (Afrikaans)

KAPSTADT

Kapstadt ist ein Paradies für Naturliebhaber. An der Südwestspitze Afrikas, wo Atlantischer und Indischer Ozean zusammenfließen, breitet sich eine traumhafte Landschaft aus, und es ist leicht zu verstehen, warum so viele Menschen – und Katzen – dort gerne wandern und die Aussicht genießen. An einem windigen Morgen trafen wir uns mit einer gefleckten Bengalkatze namens Pancake, um ihre Lieblingsstrecke am berühmtesten Ort der Stadt, dem Tafelberg, in Angriff zu nehmen.

»Die Menschen sind hier sehr mit der Natur verbunden. Hinter jeder Ecke wird es noch atemberaubender«, sagte Pancakes Besitzerin Nicky Stokes, während sie ihre Leine festhielt: »Pancake liebt die Berge. Zu Hause ist sie eine Wohnungskatze, aber hier ... Sieh sie dir an!«

Das Silvermine Nature Reserve weiter südlich ist ein beliebtes Wandergebiet für Maya, eine abenteuerlustige Katze auf Safarimission: »Sie liebt es, Wildspuren zu

folgen. Sie hat Zebras, Giraffen und Gnus gesehen ... und sogar schon Leopardenfährten gefunden«, sagte ihre Besitzerin Leonie Mervis, als wir während einer langen Wanderung die landschaftliche Schönheit bewunderten. Schließlich stießen wir auf eine Ansammlung großer Felsen, die Mayas Aufmerksamkeit erregten: »Das ist die Karakalhöhle – ihre Lieblingshöhle«, sagte Leonie, während Maya leise durch die Ritzen schlich, um an einem Antilopenkiefer zu schnuppern.

Selbst in der Stadt ist die Natur allgegenwärtig. In Clifton ist ein orangefarbener Kater namens Nacho dafür bekannt, die sonnigen Klippen zu besuchen. »Viele Leute hier trainieren ihre Katzen mit einem Geschirr«, sagt Kavish Govender, der Nacho adoptiert hat, nachdem er ihn beim Wühlen in einer Mülltonne entdeckt hatte. »Er liebt Parks und Wanderwege. Er ist sehr neugierig.«

Wenn es Zeit ist, nach Hause zurückzukehren, zeigt sich, dass Katzen und die Menschen, die sie lieben, in Kapstadt ein sehr unterschiedliches Leben führen. Die Wohlhabenden wohnen in geräumigen Häusern, während diejenigen, denen es an finanziellen Mitteln fehlt, in einfachen Siedlungen leben. Im historischen Bo-Kaap sind die Wohnverhältnisse von Straße zu Straße sehr unterschiedlich. In einer kleinen Siedlung am Hang leben ein paar Dutzend Familien mit ihren Katzen in provisorischen Behausungen aus Wellblech und Restmaterialien. Michelle lud uns in ihr einfaches Zuhause mit offenen Wänden aus Backstein ein, wo sie mit mehreren Katzen lebt, darunter ihr geliebter siebzehnjähriger Spike. »Ich habe nicht viel, aber ich widme mein Leben den Tieren«, sagte sie.

»Als die Sklaverei abgeschafft wurde, beschlossen die Menschen, alles bunt anzumalen«, erklärt Iekraam Najaar, ein Einheimischer, der die Katzen in den umliegenden Siedlungen unterstützt. »Wenn sich jemand keine tierärztliche Versorgung leisten kann, frage ich, was er sich leisten kann, und zahle dann den Rest. Sie nehmen meine Hilfe an, weil ich ihnen auch mit Lebensmitteln für sich selbst helfe.«

Am anderen Ende der Stadt hilft Junaid Hoosen, ein ehemaliger Offizier, Katzen in Gegenden, die viele Organisationen aufgrund der hohen Kriminalitätsrate nicht betreten wollen. »Ich halte mich nicht an die Regeln, die Gesetze oder an das, was man mir sagt, und deshalb schaffe ich es, etwas zu erreichen«,

Rowan und Ricardo wiegen Mias Kätzchen sanft in den Armen.

sagte Junaid, als wir durch eine Siedlung in Bellville South gingen, wo er sich um die Sterilisation von Katzen kümmert. Die Kriminalität ist hier stark gestiegen, aber je länger wir warten, desto mehr leiden die Tiere. Also ja, ich bin einschüchternd, aber ich erledige den Job«.

Junaid bietet als Gegenleistung für die Erlaubnis zur Sterilisation kostenloses Katzenfutter an. Als wir mit ihm spazieren gingen, waren seine Gemeindemitglieder sehr freundlich und bereit, uns Katzen vorzustellen, die Futter brauchten: eine braune Katze namens Clumsy und ein orangefarbenes Kätzchen namens Ginger. Eine Bewohnerin, Wafika, winkte uns in ihr bescheidenes Patchwork-Haus, um uns Stormy vorzustellen, einen weiß getigerten Kater, der seit Kurzem ihr Bett mit ihr teilt. »Er liebt es hier«, sagte sie. »Die Katze sucht sich dich aus.«

Ein paar Türen weiter luden uns zwei Männer ein, um uns Mia vorzustellen, eine Katze, die dort ihre Babys aufzog. »Ich werde euch Futter für sie geben, aber ihr müsst verstehen, dass ich nur weitermachen werde, wenn ihr mich sie sterilisieren lasst«, sagte Junaid, und die

Männer stimmten zu, dankbar, dass sie Hilfe für die Katzen erhielten, die sie lieb gewonnen hatten.

Einige Einheimische haben kaum Zugang zu Ressourcen, andere leben in relativem Überfluss: »Es ist sehr einfach, hier in einer Blase zu leben«, sagt Jess Levitt, die fast 20 Katzen im Garten ihrer Familie Zuflucht bietet. Die Umgebung schien für die Katzen, von denen viele als Pfleglinge mit Kätzchen zu ihr kamen, wie ein Paradies: »Manchmal behalte ich die Mütter. Sie kommen hierher und fühlen sich so wohl, dass sie bleiben.«

Als Adoptionskoordinatorin von Rescue is Life vermittelt Jess regelmäßig Katzen. »Oft sind Gärten wie dieser aus Gründen der Privatsphäre und der Sicherheit eingezäunt«, sagt sie. »Die Mauern dienen in erster Linie der Verbrechensverhütung, aber es funktioniert auch für die Katzen.«

Sicherheitsmauern bieten geschlossene Außenbereiche für Katzen.

Sogar in Rettungsorganisationen ist die Möglichkeit, sich im Freien aufzuhalten, sehr wichtig.
Bei der Lucky Lucy Foundation streifen Hunderte von adoptierbaren Katzen in der Sonne zwischen Hühnern und Schildkröten umher.

In der Gemeinde Khayelitsha begann Mdzananda mit einem einfachen Einkaufswagen, der Futter und Räudebäder anbot. Heute betreibt die Organisation eine Tierklinik und ein Tierheim in zehn leuchtend orangefarbenen Schiffscontainern. »Man tut so viel wie möglich mit dem, was man hat«, sagt die Geschäftsführerin Marcelle Du Plessis über ihre Einrichtung, während ein dicker grauer Kater namens Gimba aus einem Nickerchen erwacht. »Er kam eines Tages herein, Haut und Knochen – und beschloss zu bleiben.«

»Es geht vor allem um Aufklärung«, sagt die Tierschutzassistentin Nombulelo Mashinini. »Es gibt Vorurteile gegenüber Katzen, die von unseren Eltern und aus den Dörfern stammen. Durch Aufklärung können wir viele Meinungen ändern.«

Dass Kapstadts Katzen ein so unterschiedliches Leben führen, hängt mit den ungleichen Lebensbedingungen der menschlichen Bewohner zusammen. In den District Six, ein Gebiet mit einer schmerzhaften Geschichte von Zwangsumsiedlungen während der Apartheid, kehren viele zurück und bringen ihre Hauskatzen mit. Am Fuße des Tafelbergs markieren kleine Behausungen aus Steinen und Planen einen Neuanfang – Stein für Stein entsteht wieder, was einst verloren ging. »Am Anfang hatte ich kein Futter für sie, also habe ich ihnen einen Teil meines Essens gegeben. Heute fressen sie nur noch Katzenfutter«, sagte Lucas und beugte sich vor, um seine geliebten Schildpattkatzen zu füttern, während das Sonnenlicht über das leere Feld strahlte. »Sie heißen alle Lady …«

Ein Ehepaar namens Nicoline und Shooter kam aus seinem mit Decken behangenen Haus und stellte uns seinen Kater Junior vor, der zufrieden auf eine der malerischsten Aussichten der Stadt starrte: »Er schläft jede Nacht auf meinen Füßen«, sagte Nicoline und lächelte. Shooter beugte sich vor, um Junior sanft über die Wange zu streicheln. »Die Leute fragen: ›Warum hast du ihn Junior genannt?‹ Ich sage, weil ich ihn als meinen kleinen Bruder ansehe«, erzählte er. »Ich sage meiner Katze: ›Betrachte mich nicht als deinen Vater – ich bin dein Bruder.‹«

KROATIEN

OFFIZIELLE SPRACHE: Kroatisch

KATZE: Mačka

DUBROVNIK

An der Dalmatinischen Küste Kroatiens liegt eine malerische, von Mauern umgebene Stadt, die in das türkisblaue Meer hinausragt. Die Altstadt von Dubrovnik, bekannt als die »Perle der Adria«, ist eine der am besten erhaltenen mittelalterlichen Städte der Welt. Innerhalb der Stadtmauern führen enge Gassen und steile Steintreppen zu barocken Kirchen, Marmorpalästen und prächtigen Kalksteingebäuden mit Terracotta-Dächern. Erkunden Sie die Stadt zu Fuß, und Sie werden feststellen, dass hinter jeder Ecke eine Katze auf Sie wartet.

Die Straßen der Altstadt sind die meiste Zeit des Tags von Menschen bevölkert, aber in den frühen Morgenstunden, wenn alles still und ruhig ist, sind die Katzen die Herrscher der Stadt. Wenn die Sonne aufgeht, streifen die einheimischen Katzen durch die leeren Gassen, frühstücken an den Ladenfronten und springen von Boot zu Boot, wenn die Fischer an der Mole anlegen. Einige tollkühne Katzen kann man sogar auf den Steinmauern entlanglaufen sehen, von denen die Stadt umschlossen ist. Die Zutraulichkeit der Katzen ist ein Beweis für die Fürsorge, die sie von den Einheimischen erhalten, sowie für ihre häufigen Begegnungen mit Touristen.

Die Stadtmauern sind über 2100 Meter lang und über 26,5 Meter hoch und bieten einen 360-Grad-Ausblick für die wagemutigsten Katzen.

Katzen beanspruchen die Stadt für sich und ruhen sogar im bronzenen Schoß des kroatischen Schriftstellers Marin Držić aus dem 16. Jahrhundert.

Eine freundliche schwarz-weiße Katze sitzt in Porporela, einem historischen Pier.

Viele der Katzen werden sehr verehrt und sind selbst zu Berühmtheiten geworden – aber keine ist berühmter als Anastazija, eine 17 Jahre alte Kattunkatze, die im Eingangsbereich des Rektorenpalastes lebt. Sie ist ein lokaler Liebling – so sehr, dass ein Handwerker ein Katzenhaus mit ihrem Namen im Stil des Palastes aus dem 14. Jahrhundert baute. Als Regierungsbeamte das Katzenhaus entfernten, löste dies Protest aus. Es wurden Tausende von Unterschriften für eine Petition gegen ihre unrechtmäßige Vertreibung gesammelt. Zum Zeitpunkt unseres Besuchs ruhte Anastazija stattdessen in einem Pappkarton, was zeigt, dass der Kampf mit dem Bürgermeister noch lange nicht gewonnen ist.

Nicht weit vom Rektorenpalast entfernt befindet sich die »Jesuitentreppe«, eine ikonische Barocktreppe, die durch ihre Rolle in *Game of Thrones* bekannt wurde. Um sie zu besichtigen, brauchen Sie jedoch das Okay von Johny Boss, einem frechen Kater, der auf der untersten Säule der geschwungenen Treppe sitzt und alle, die vorbeikommen wollen, überwacht. Der vier Jahre alte Kater ist der Anführer seines Rudels und hat die Zuneigung der Mitarbeiter des Restaurants Konoba Koloseum am Fuße der Treppe gewonnen. »Er kam hierher, als er noch so klein war, und seit

»Er ist der Boss. Wenn eine Katze kommt, die nicht zu seinen Freunden gehört, sagt er: ›Nein. Geh weg.‹«, sagte Jericho.

dem ersten Tag sind wir die besten Freunde«, sagt Restaurantbesitzer Jericho und zeigt uns eine Kiste mit Katzenzubehör. »Wir haben alles für ihn – Futter, Vitamine, alles. Wir kümmern uns um ihn und natürlich auch um seine Freunde.«

Johny Boss macht seinem Namen alle Ehre. »Johny ist hier der Boss«, sagt Jericho, während der Kater in das Fenster hüpft, in dem die Essensbestellungen aufgegeben werden. »Wenn jemand hierher zum Essen kommt und Johny Boss nicht mag, sagen wir ihm: ›Hier gibt es 380 andere Restaurants. Geh zum nächsten.‹«

Am anderen Ende der Stadt, auf der Halbinsel Lapad, kümmert sich eine Frau seit zwei Jahrzehnten um Katzen vor einem Hotel: »Hier gibt es kein Tierheim. Sie haben es 20 Jahre lang versprochen, aber nichts getan«, sagt Izabela, die stattdessen im Wald ein Dorf aus handgefertigten Unterkünften geschaffen hat, um die Katzen der Gegend zu beherbergen. Als sie ihren Kofferraum öffnete, wackelten die Bäume, und die Katzen galoppierten zu Dutzenden auf den Parkplatz zu, um ihre Betreuerin zu begrüßen: »Die Leute setzen sie

hier aus, weil sie denken, dass die Touristen sie füttern werden, aber sie denken nicht daran, dass im Winter die Hotels geschlossen sind. Früher war das ein totales Chaos. Ich glaube, jetzt ist das Bewusstsein größer.

Die Katzen im Wald leben zwar nicht in einem herkömmlichen Tierheim, aber Izabela führt den Betrieb so, als ob sie es wären. Wir beobachteten ehrfürchtig, wie sie ein detailliertes Ritual mit Medikamenten durchführte und ein reichhaltiges Menü mit neun Gängen zubereitete, wobei sie sorgfältig die Ernährungsbedürfnisse und Vorlieben jeder einzelnen Katze berücksichtigte. »Und jetzt zum Nachtisch«, lachte sie, als sie eine Tüte mit selbst gekochtem Huhn öffnete, um jeder Katze davon zu geben. »Etwas ganz Besonderes, um sie glücklich zu machen.«

Während der Rest der Katzen im Wald lebt, hat sich die älteste Katze der Kolonie, Blazenka, in der Hotellobby niedergelassen. »Sie ist einfach eines Tages hineingelaufen, und jetzt geht sie schon seit 13 Jahren ins Hotel. Sie lieben sie und verwöhnen sie«, sagte Izabela.

Einige Taxifahrer bringen Futter mit und verteilen es, während sie auf Kunden warten.

Entlang der Südküste von Dubrovnik dienen die verfallenen Ruinen eines ehemaligen Luxushotels als Behelfsunterkunft für Dutzende von Katzen. Das Hotel Belvedere, das an einer Klippe mit Panoramablick auf die Adria erbaut wurde, war einst ein luxuriöser Zufluchtsort, bevor es während des kroatischen Unabhängigkeitskriegs 1991 den Bomben zum Opfer fiel. Seitdem ist es völlig unbewohnt, mit Ausnahme der über 70 Katzen, die täglich von der örtlichen Retterin Ljubica betreut werden.

Ljubica ließ Hunderte von Katzen an der Küste rund um das Hotel sterilisieren, seit sie vor zehn Jahren begann, der riesigen Kolonie zu helfen: »Es fing damit an, dass die Leute hier Katzen aussetzten. Jemand fing an, sie zu füttern und dann ...« Sie gestikulierte zu Dutzenden von Katzen, die um ihre Beine strichen, als sie eine große Tüte mit Katzenfutter öffnete. »Ich kenne sie alle, und wenn ich eine neue Katze sehe, lasse ich sie sofort kastrieren.«

»Wir hatten letztes Jahr mehr als 60 Adoptionen«, sagt sie stolz. Sie setzte sich sogar unermüdlich für die Behandlung der krebskranken Katze Flake ein, die in den Hotelruinen lebt. »Ich wünschte, wir könnten ein Zuhause für sie finden«, sagte sie und streichelte sie liebevoll an ihrem ohrlosen Kopf. Da es in Dubrovnik kein organisiertes Tierheim gibt, obliegt die Arbeit einzelnen Tierrettern wie Ljubica, Izabela und anderen – und es ist deutlich zu sehen, welche lebensrettende Wirkung nur eine kleine Anzahl engagierter Menschen in ihrer Gemeinde haben kann. Auf die Frage, wie sie das alles schafft, lächelt Ljubica und sagt: »Was soll ich machen? Ich liebe sie.«

OFFIZIELLE SPRACHE: Japanisch

KATZE: ネコ / Neko

JAPAN

TOKIO

In der Flut von Fußgängern kann man sich leicht von der Größe Tokios überwältigt fühlen. Doch zwischen edlen Boutiquen und Karaokebars bieten Katzencafés eine ruhige Atempause von der Schnelllebigkeit der Stadt.

Im belebten Stadtteil Shinjuku bestellten wir in einem kleinen Katzencafé zwei grüne Tees. Mit perfektem Timing sprang eine flauschige Hauskatze auf den Rücken der Bedienung und starrte uns an, als wollte sie sich vergewissern, dass wir auch für sie eine Tasse Katzenleckerlis bestellt hatten.

Japan hat die Katzencafés zwar nicht erfunden, aber das Land wird oft dafür gelobt, dass es das Konzept in den frühen 2000er-Jahren populär gemacht hat. Innerhalb von zehn Jahren wuchs die Zahl der Cafés von einem auf über 150. Cafébesitzer und Kunden berichten, dass es nicht einfach ist, in Tokio Katzen zu halten, ein Katzencafé aber für jeden Gast eine Möglichkeit bietet, mit Katzen zu interagieren und sich vom Arbeitsalltag zu erholen.

Der eine kurze Zugfahrt entfernte Stadtteil Yanaka ist für seine Atmosphäre und charmante Vorkriegsarchitektur bekannt – ein Ort, an dem das alte Tokio weiterlebt. In Yanaka, das manchmal auch als »Katzenstadt« bezeichnet wird, gibt es viele Geschäfte, die Süßigkeiten in Form von Katzen und Glück bringende *maneki-neko*-Figuren verkaufen – Katzen die mit erhobener Pfote winken. Wenn Sie jedoch die Gesellschaft echter Katzen suchen, sollten Sie den Yanaka-Friedhof aufsuchen, wo eine Katzenfamilie friedlich zwischen den Gräbern lebt. Die Wege des 1872 gegründeten Friedhofs erinnern an ein Gemälde: leuchtendes Herbstlaub und ruhende Katzen in vollkommener Harmonie. Glatte Steinplatten bieten gemütliche Plätze für Katzen, die sich in den Höhlen verkriechen, während knorrige Bäume als stabile Kratzbäume dienen. Katzen trinken aus Vogeltränken und trösten trauernde Gäste im Austausch gegen sanfte Streicheleinheiten.

市川家之墓

乙第4号
2側4番2

FUKUOKA

Als Geschichten über japanische »Katzeninseln« – abgelegene Fischerdörfer, die von großen Populationen frei lebender Katzen bewohnt werden – in den Medien erschienen, verbreiteten sie sich wie ein Lauffeuer. Zum Zeitpunkt unseres Besuchs in Ainoshima, einem dieser Orte in Japan, erlebte die Gemeinde erhebliche Veränderungen: »In den internationalen Nachrichten wurden plötzlich Ainoshima-Katzen vorgestellt, und die Menschen auf der Insel waren verwirrt über die vielen Touristen«, sagte uns ein Einheimischer. Die ländliche und weitgehend unerschlossene Insel, auf der es nur eine Straße und keine öffentlichen Geschäfte gab, sah sich nun mit einem so überwältigenden Interesse konfrontiert, dass der Hafen von einem kleinen Boot auf eine große Fähre umgerüstet werden musste, um den Zustrom von Katzenfans zu bewältigen.

Wir bestiegen die Fähre in Fukuoka zusammen mit unserer einheimischen Freundin Sumire Harayama und etwa drei Dutzend anderen Besuchern. Als wir an unserem Ziel ankamen, war ein orangefarbener Kater der erste, der sich uns auf dem betonierten Weg an der Anlegestelle näherte. Er hatte einen kurzen Stummelschwanz – eine in ganz Ostasien verbreitete genetische Variation – und unter seinem Hinterteil befand sich ein kugelförmiger Fellhügel, der deutlich machte, dass es sich um ein zeugungsfähiges Männchen handelte. Ich fragte mich, was wir an diesem Schnittpunkt von Tourismus, Nahrungsüberfluss und fehlenden tierärztlichen Ressourcen finden würden.

Am Wasser lagen Katzen auf den Fischernetzen und betrachteten den Fang der Fischer. Sie jagten im hohen Gras, versteckten sich im Schatten von Schubkarren und ruhten sich an verrosteten Klampen aus, an denen Boote vertäut waren. Viele waren Jungtiere, einige waren krank. In allen Sprachen waren Schilder angebracht, die darum baten: »Füttern Sie die Katzen nicht«.

Die Einwohner von Ainoshima hatten nie die Absicht, eine Touristenattraktion zu schaffen. Für sie war es nichts Neues, die Insel mit Katzen zu teilen, und die Population war immer überschaubar geblieben, da es genug Fisch gab und das Leben ohne tierärztliche Versorgung hart war. Über Sumire teilte ein Inselbewohner mit, dass die meisten Nachbarn daran glaubten, dass die Population auf natürliche Weise verwaltet werden sollte, wie es schon immer der Fall war.

Aber der plötzliche Zustrom von Besuchern, die Katzen fütterten, war alles andere als natürlich, und es gab einen auffälligen Gegensatz zwischen den Erwartungen dieser Außenstehenden – die der Insel den Namen »Cat Heaven« gegeben hatten – und der Realität. Viele Touristen schienen zufrieden damit zu sein, Selfies zu machen und überschüssige Katzenleckerlis auf den Boden zu werfen. Es spielte keine Rolle, dass wir dort waren, um die wahre Geschichte festzuhalten; ich konnte nicht anders, als mich selbst mitschuldig zu fühlen.

Ein Einheimischer berichtete uns, dass sich seit unserem Besuch »die Situation der Katzen geändert hat« und dass dank einer kleinen Gruppe von Katzenliebhabern auf und außerhalb der Insel nun alle Katzen sterilisiert sind und monatliche Tierarztbesuche erhalten. Aber die Meinung der Einheimischen ist klar: »Wir wollen nicht, dass noch mehr Touristen kommen. Wir hoffen nur auf ein ruhiges und friedliches Leben für die Katzen.«

KYŌTO

Nur wenige Schritte vom Fushimi Inari-taisha entfernt, dem berühmten Shinto-Schrein, befindet sich ein ruhiger Ort, an dem Menschen und Katzen zur Ruhe kommen können. An einem regnerischen Novembernachmittag gingen wir die Stufen zum Neko Café Time hinauf und betraten ein Reich voller zufriedener Katzen. An der Rezeption saß ein cremefarbener Kater namens Ponzu in einer Box mit der Aufschrift »Store Manager« – ein Ehrentitel, der ihm von der Cafébesitzerin, einer Frau namens Satoko, verliehen wurde.

Satoko wurde zur Eröffnung ihres Cafés inspiriert, als sie nach einem Schicksalsschlag Trost suchte: »Ich war so traurig, dass ich weder essen noch schlafen oder ein normales Leben führen konnte. Meine Tochter nahm mich in ein Katzencafé mit, um mich aufzumuntern, und mein Herz begann zu heilen«, sagte sie. »Ich machte mich daran, einen Ort zu schaffen, an dem sowohl Katzen als auch Menschen geheilt werden können.« Satoko teilt ihr Café nun mit über einem Dutzend Katzen, die sie von der Straße gerettet hat, und hofft, dass sie anderen helfen kann, Trost in der Gesellschaft von Katzen zu finden. Während der Regen gegen die Fenster trommelte und beruhigende Musik spielte, bot sie uns Tee und Kaffee aus einer Heißgetränkekiste an, auf der eine getigerte Katze namens Kinako in der Hitze badete. Umgeben von schläfrigen Katzen fanden auch wir uns an einem Ort wieder, der wohltuende Wärme ausstrahlte.

OFFIZIELLE SPRACHE: Spanisch

KATZE: Gato

DOMINIKANISCHE REPUBLIK

SANTO DOMINGO

Die prächtigen Kolonialgebäude und gepflasterten Straßen von Santo Domingo haben in ihrer Geschichte viele Katzen gesehen. Im späten 15. Jahrhundert brachten die Spanier pelzige Reisende an die Küste des heutigen Hispaniola. Hunderte Jahre später haben Generationen von Katzen den Aufschwung der Hauptstadt miterlebt – manche als Haustiere, die von hohen Gebäuden aus auf die Stadt blicken, andere als moderne Wanderer auf den belebten Straßen.

Einige örtliche Katzen haben ihre alte Rolle als Mäusefänger beibehalten. In einer Fabrik war aus zwei Jägern eine zwölfköpfige Familie geworden, was die Besorgnis einer Nachbarin hervorrief. Yvette stand in ihrem Garten und kletterte auf eine Leiter, um über die vier Meter hohe Stützmauer in das Areal des Industriekomplexes zu spähen. »Ich sorgte mich um die Katzen, konnte sie aber nicht erreichen. Dann habe ich herausgefunden, dass ich mit diesem Rohr helfen kann«, sagte sie.

Sie füllte Futter in ein langes PVC-Rohr und ließ das Rohr auf der anderen Seite der Mauer herab. »Sobald die Katzen sich an das Fressen gewöhnt hatten, ließ ich eine Falle hinunter und hob sie mithilfe eines Seils wieder hinauf!« Damit gelang es ihr, nacheinander die gesamte Population sterilisieren zu lassen, ohne jemals das Grundstück zu betreten.

In einer anderen Fabrik werden Katzen nicht als Mäusejäger, sondern als Gefährten angesehen. Monica, die das auf zwei Stockwerke angelegte Unternehmen leitet, das auf Jeans spezialisiert ist, hat die Räume für Dutzende von Pflegekatzen geöffnet ... und sogar vier von ihnen als feste Mitarbeiter »eingestellt«! »Die Menschen, die hier arbeiten, müssen die Katzen akzeptieren«, sagte sie, als sie uns Frigga vorstellte, eine zarte Kattunkatze, die sie als Büroleiterin bezeichnet.

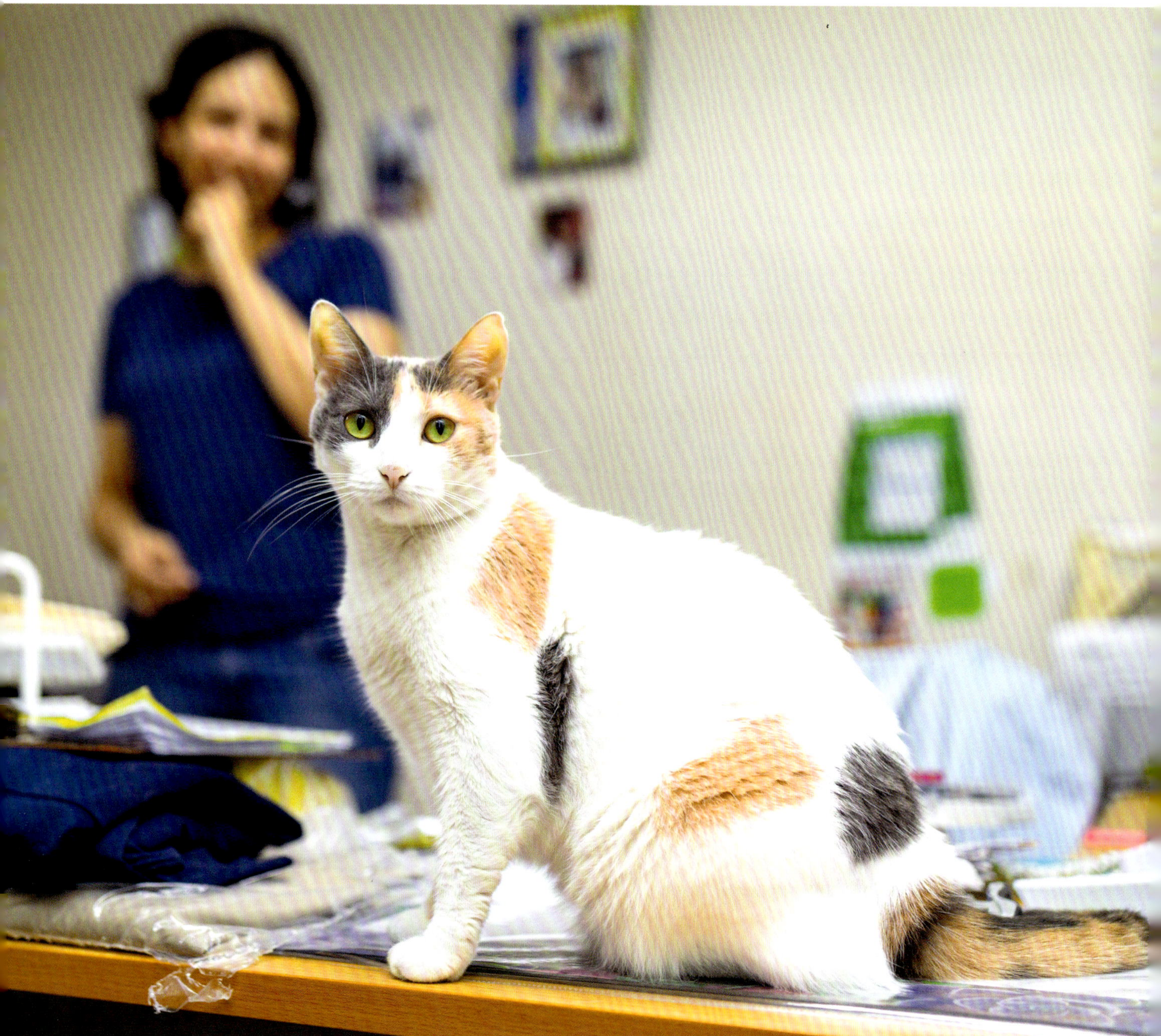

In der Fabrikhalle ist aber Loki der Chef. Die schwarzweiße Katze schlenderte zwischen Jeansstapeln hindurch und kletterte auf Industrienähmaschinen, während sie uns auf einer Tour durch das große Lagerhaus führte. Die Mitarbeiter konnten nicht anders, als innezuhalten und zu lachen, wenn sie sich an ihren Beinen rieb und gestreichelt werden wollte.

Laut Monica hat die Begegnung mit den Katzen viele Mitarbeiter und Besucher dazu inspiriert, selbst Katzen unter ihre Fittiche zu nehmen: »Es ist unser Werk der Liebe«, sagt sie, während Loki friedlich zu ihren Füßen liegt.

Lady arbeitet lieber hinter den Kulissen der Fabrik.

SAN PEDRO DE MACORÍS

An einem warmen Januarmorgen machten wir einen Ausflug mit Emily, Penelope und Tammy, den Mitbegründerinnen von Cat Lovers República Dominicana. Ihre Gruppe ist dabei, die Sichtweise auf Katzen zu verändern, indem sie im ganzen Land Aufklärung und Unterstützung bietet. Wir fuhren an üppigen tropischen Wäldern und von Palmen gesäumten Stränden vorbei, das Auto vollgepackt mit Lebensmitteln und Vorräten, die an Tierpfleger in der südöstlichen Provinz San Pedro de Macorís verteilt werden sollten.

Die Aufgabe der Organisation besteht darin, den Status der Katzen auf der Insel zu verbessern: »Wenn Frauen schwanger werden, raten ihnen Gynäkologen häufig dazu, ihre Katze loszuwerden. Wir arbeiten also mit Ärzten und Gemeindemitgliedern zusammen, um Aufklärung zu betreiben«, sagt Emily. Es gibt viele Menschen mit gutem Herzen, die versuchen, ihr Bestes zu tun. Wir können Futter und Streu zur Verfügung stellen, aber das Wichtigste ist natürlich die Aufklärung.«

Die Frauen der Gruppe hoffen, die Menschen dazu zu inspirieren, anders über Katzen zu denken, egal ob sie in einem Heim oder auf der Straße leben: »Wir versuchen, den Begriff *gato salvaje* (wilde Katze) nicht zu verwenden, um Straßenkatzen zu beschreiben, weil wir die Perspektive ändern wollen«, meint Penelope. »Stattdessen verwenden wir *gato realengo*, was so viel bedeutet wie Katze, die umherstreift«, erklärt Tammy.

Wir erreichten eine lange Reihe von Häusern aus Wellblech und Holz. Eine ältere Frau saß auf einer Betonstufe und aß mit einer Hand *Bacalaitos*, während sie mit der anderen einen Stock hielt, mit dem sie die Katzen sanft von den knusprigen Kabeljaufrikadellen verscheuchte. Sie lachte verschmitzt, denn die Katzen bettelten unaufhörlich.

»Mishu, mishu!«, rief eine liebevolle Stimme, und die Katzen kamen angerannt. Es war Marisol, die

sich ehrenamtlich als Patin für die Tiere in dieser Gegend einsetzt. Während wir mehrere große Säcke mit Vorräten ausluden, die sie verteilen sollte, erklärte sie, dass die meisten Nachbarn gerne ihre Türen für Katzen und Hunde öffnen, wenn jemand anderes das Futter zur Verfügung stellt.

Während die meisten Bewohner Katzen nicht absichtlich mit ins Haus nehmen, hat eine junge Frau bereitwillig Dutzende von schutzbedürftigen Katzen in ihr Haus im Kolonialstil und in ihren Garten im Hinterhof gebracht. »Sie sind meine Familie. Ich liebe sie und sie lieben mich«, sagte sie, während sie uns eifrig eine nach der anderen vorstellte.

In ihrem Schlafzimmer rollte ein Wurf von vier pummeligen Kätzchen in einem handgefertigten Käfig aus Hühnerdraht herum. Als die Frauen von Cat Lovers RD nach der Möglichkeit fragten, sie eventuell zur Adoption freizugeben, schreckte die Betreuerin zurück: »Ich verstehe, dass es zu viele sind«, seufzte sie. »Aber ich habe solche Angst, sie zur Adoption freizugeben. Ich vertraue den Menschen nicht.«

Das wahrgenommene Risiko der Misshandlung ist so groß, dass sich viele Retter gegen die Idee der Adoption sträuben. Doch durch eine bessere Aufklärung in der Gemeinde will Cat Lovers RD den Menschen helfen, optimistischer zu werden. Mit sanftem Verständnis beugte sich Emily vor: »Sie haben Ihre Lebensaufgabe darin gefunden, Katzen zu helfen. Jetzt können wir Ihnen helfen, durch Adoption noch mehr zu tun. Wir haben die Mittel, die Menschen zu überprüfen und ein gutes Zuhause zu finden. Sie können uns vertrauen.«

Veränderungen geschehen nicht von heute auf morgen, aber Emily ist sich sicher, dass ihr Ansatz funktioniert: »Wir können nicht zu hart sein und den Menschen sagen, dass wir ihnen nicht helfen, wenn sie sich nicht an unsere Bedingungen halten. Manchmal müssen wir das Vertrauen langsam gewinnen. Wir helfen also mit allem: nicht nur mit Katzenfutter, sondern auch mit sauberem Wasser oder Schulmaterial für die Kinder. Dann sprechen wir das Thema Sterilisation und Adoption noch einmal auf eine freundliche Art an. Die Menschen hören uns zu – wenn sie uns vertrauen.«

Später besuchten wir eine Katzenkolonie in einem leer stehenden Gebäude, in dem die Gruppe einer einheimischen Frau bei der Pflege der Katzen hilft. Die weniger geselligen Katzen huschten davon und knurrten nachdrücklich unter Holzpaletten und in Keramiktöpfen.

Ein orangefarbenes Kätzchen und sein braun-weißer Freund folgten uns, zu unsicher für einen direkten Kontakt, aber so neugierig, um an unseren Schuhen zu schnuppern. Ohne ein Geräusch zu machen, sprang ein drittes Kätzchen auf eine Betonmauer, um uns zu begrüßen: Es hatte ein spärliches, fleckiges Fell, einen dürren Körper, milbenverkrustete Ohren und stechende Kupferaugen, die uns beim Miauen direkt ansahen.

Die drei hatten Glück: Sie wurden alle in ein Zuhause vermittelt. »So viele Dominikaner sind offen dafür, eine Katze zu haben, und mit unserer Hilfe lernen sie, es auf verantwortungsvolle Weise zu tun«, sagte Emily, »und ich glaube, dass mit den richtigen Informationen jedes Haus das Potenzial hat, ein gutes Zuhause für eine Katze zu sein.«

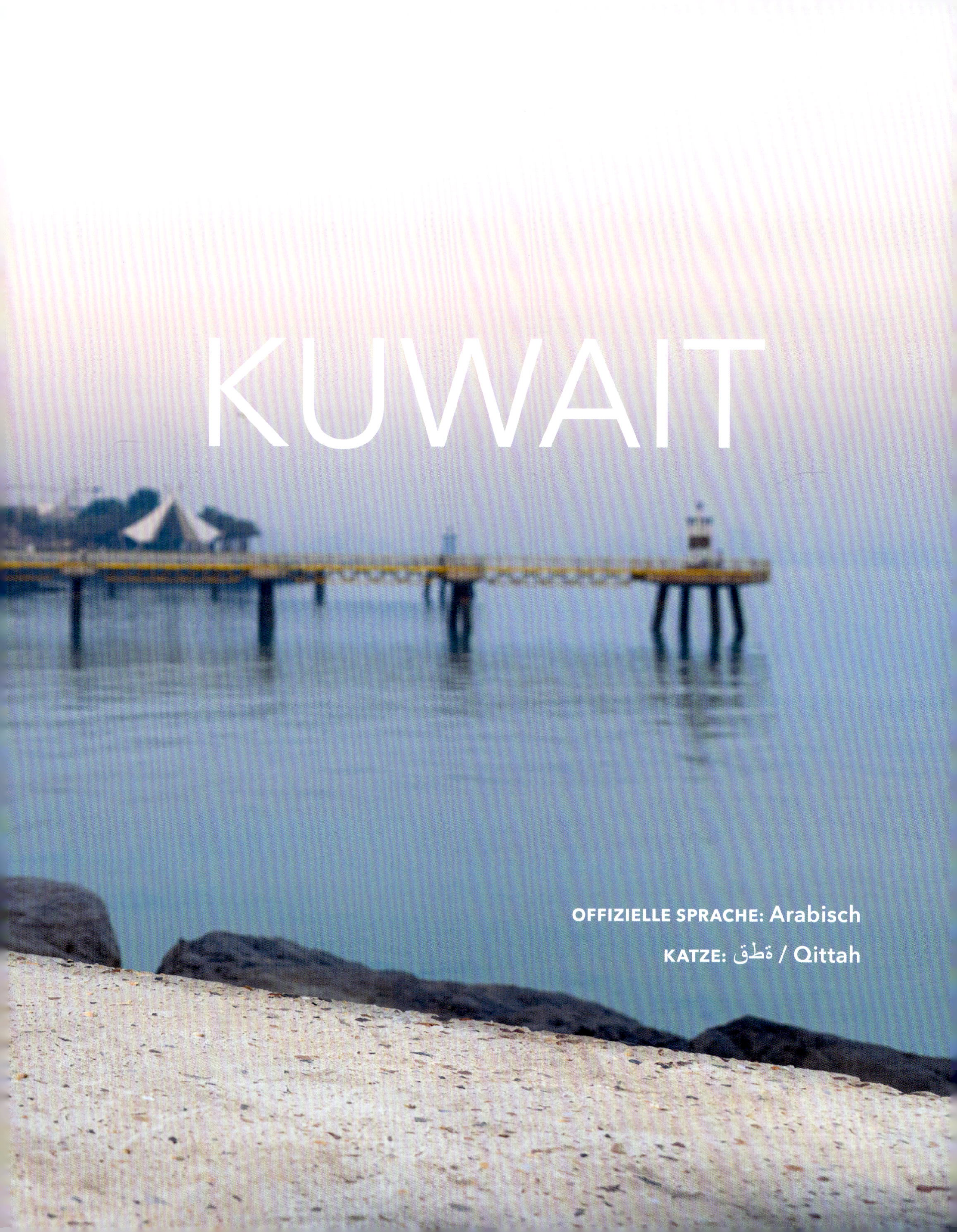

KUWAIT

OFFIZIELLE SPRACHE: Arabisch

KATZE: قطة / Qittah

Ein Katzenmädchen sitzt vor den Kuwait Towers, die 9000 Kubikmeter Wasser fassen können.

KUWAIT-STADT

Entlang des Persischen Golfs reihen sich an der Küste von Kuwait moderne Wolkenkratzer, sehenswerte Denkmäler und gepflegte Parks aneinander. Hier gibt es auch unzählige Katzenfamilien im Schatten der Palmen und auf den Steinen der Ufermauer. Sogar auf dem Gelände der Kuwait Towers tummelt sich eine Handvoll Katzen. Ein Park am Meer erzählt die Geschichte von Katzen in der Krise: »Hier sind wir: Kuwaits berüchtigte Ablagestelle am Meer«, seufzte die Tierretterin Laila D'Souza, als sich ihr im violetten Sonnenaufgang Dutzende von Katzen näherten. »Wir haben hier kein offizielles Tierheim, also setzen viele Leute ihre Katzen einfach aus ... und bringen sie hierher. Man möchte allen helfen, aber es ist schier unmöglich«, sagte sie. »Manchmal fühlt es sich hoffnungslos an.

Die meisten Straßenkatzen in Kuwait gehören zu einer in der Region heimischen Rasse, der Arabischen Mau. Die Arabische Mau ist bekannt für ihre langen Beine, großen Ohren und typischerweise hellgrünen Augen. Sie hat von Natur aus ein sehr kurzes Fell und keine Unterwolle, was sie für das Leben in einer der heißesten Klimazonen der Erde besser geeignet macht. Laila merkte jedoch an, dass viele der Katzen mit anderen Rassen gemischt sind, da der Trend, Rassekatzen nach draußen zu lassen, weit verbreitet ist.

»So viele Leute hier kaufen sich schicke Katzen, und wenn sie dann Babys bekommen oder die Katze nicht behalten können, setzen sie sie einfach aus«, erklärt Laila und nähert sich einer Katzenkiste, die im Gras abgestellt wurde, »Das passiert mehrmals am Tag, und für eine Katze, die ihr ganzes Leben lang daran gewöhnt war, im Haus zu sein, verändert sich plötzlich ihre Welt.«

Ein einheimischer Jogger blieb stehen, betrachtete eine Katze in einer Baumkrone und sagte: »Schauen Sie, eine Ragdoll ... sogar mit Halsband. Die dürfte noch nicht lange da sein. Die Leute wollen das Futter nicht bezahlen, und setzen sie einfach aus. Es ist eine Schande.«

Überforderte Retter stellen fest, dass es vor Ort für Rassekatzen nur begrenzte Adoptionsmöglichkeiten gibt: »Viele Menschen in anderen Ländern mögen extravagante Katzen, finden sie aber in den Tierheimen nicht, also nehmen sie gerne Katzen von hier«, sagt Laila, die regelmäßig Katzen mit Flügen an Tierheime in den Vereinigten Staaten schickt. »Manchmal habe ich ein schlechtes Gewissen, weil ich weiß, dass es in Amerika so viele Katzen gibt, die ein Zuhause brauchen, aber es ist einfach schwer, hier ein Heim für sie zu finden.« Nicht einheimische Rassen müssen aufgrund der Herausforderungen, denen sie auf der Straße ausgesetzt sind, dringend gerettet werden: »Arabische Maukatzen werden fast immer im Freien geboren. Aber ausgesetzte Katzen kommen aus klimatisierten Häusern und sind plötzlich in der sengenden Hitze an einem unbekannten Ort. Ein langes Fell oder ein flaches Gesicht macht es ihnen schwer, bei diesem Wetter zu atmen.« In diesen Fällen ist Laila dankbar, dass sie leicht zu vermitteln sind, obwohl sie sich wünscht, dass mehr Menschen daran interessiert wären, Maukatzen zu adoptieren.

In einer Moschee, in der sterilisierte Arabische Mau-Katzen mit gekappten Ohrspitzen umherstreifen, erregte ein flauschiger Perser Lailas Aufmerksamkeit. »Ich werde ihn mitnehmen«, sagte sie, da sie sich Sorgen um ihn machte, weil er draußen ums Überleben kämpfte. Sie hob den langhaarigen grauen Kater ohne Probleme hoch, und er schnurrte laut, als sie ihn in einem Gästezimmer unterbrachte. Später entdeckten wir auf dem Fischmarkt einen schwarzen Scottish Fold, der in der Hitze hechelte, und auch ihn nahm sie ohne Zögern auf. »Ich weiß genau, wenn ich ein Bild von einem Kater wie ihm verschicke, wird jemand Ja sagen.« Innerhalb weniger Tage hatte sie für beide den Transport nach Washington, DC, zur Adoption organisiert.

»Es ist viel Arbeit, Katzen nach Übersee zu schicken. Ich würde es nicht tun, wenn es eine andere Möglichkeit gäbe«, sagte Laila, während sie eine Kiste mit Namensschildern für drei Mau-Mixe vorbereitete, die mit dem nächsten Flug abreisen sollten.

Eine andere örtliche Retterin, Mona Bash, schickt so viele Katzen in die USA, dass sie eine Wohnung nur für die Katzen gemietet hatte, die auf ihre Flüge warten. Sie kümmert sich um eine bunte Mischung ausrangierter Rassekatzen: Perserkatzen, die eine Augen-OP benötigen, Scottish Folds mit Missbildungen an den Gliedmaßen und eine kürzlich gerettete abgemagerte Bengalkatze: »Für mich sind meine Katzen meine Babys. Für viele Men-

»Ich nenne das hier nicht Tierheim«, erklärt Mona, »denn dann würden mir die Leute zu viele Tiere bringen. Das ist einfach mein Platz, an dem ich so viel tue, wie ich kann.«

schen sind sie wie Spielzeug oder so etwas«, sagt Mona. Jeden Monat schickt Mona Dutzende von Katzen nach Europa, ins Vereinigte Königreich, in die USA und nach Kanada.

Stolz zeigte Mona auf die Katzen, die bald in London oder Toronto leben werden, und freute sich riesig für sie. Aber von allen Katzen, die sie gerettet hat, gibt es eine, die sie niemals wegschicken wird: eine einäugige schwarze Katze namens Shadow. »Sie war ein kleines Kätzchen

vom Fischmarkt. Jetzt nehme ich mit ihr an der Katzenausstellung teil! Die Leute bringen dort langhaarige Katzen mit ... nicht eine Katze wie Shadow. Aber sie hat schon oft den Preis für die beste Hauskatze gewonnen«, sagte sie triumphierend. »Sie ist meine beste Freundin.«

Der Fischmarkt Souq Sharq ist in Kuwait-Stadt bei Katzen beliebt. Wenn die Fischerboote frühmorgens anlegen, fordern die Katzen mit gierigem Gejaule einen Happen Makrele oder eine leckere Sardine. »Jeden Tag füttere ich die Katzen«, sagte ein Arbeiter, als er Fisch auf den Gehweg vor dem Markt warf. Die meisten dieser Katzen werden zwar kein Zuhause finden wie Monas Shadow, aber sie leben zufrieden in den Büschen am Meer, wo sie Gemeinschaft, ein bisschen Schatten und so viel Fisch wie möglich haben.

Die Katzen auf dem Fischmarkt leben meist im Freien, aber eine Katzenmutter war in das Innere des Markts gezogen. Wir kicherten, als die furchtlose Katze einem Verkäufer einen Fisch stibitzte und die Treppe hinaufhuschte, wo sie in einem Schuhschrank drei niedliche Babys aufzog. Zufrieden und süß miaute sie, als wolle sie ihre Privatsuite mit Blick auf das *All-you-can-eat*-Büfett vorzeigen.

Die Souqs bieten Kuwaits Straßenkatzen Unterschlupf und Gelegenheiten zum Jagen, Futtersuchen und für Streicheleinheiten von Passanten. Im Souq Al-Mubarakiya, einem der ältesten in Kuwait, streifen die Katzen zwischen den Geschäften, die Gewürze, Goldschmuck und traditionelle Kleidung verkaufen, umher. Der örtliche Katzenschützer Hamad Almehaiteeb erzählte uns, wie er mit Katzen in Kuwait aufgewachsen ist: »Leider werden Katzen hier wegen kleiner Probleme ausgesetzt. Als Kind hatte ich zwei Katzen. Sie bekamen Ringelflechte, was eigentlich einfach zu behandeln ist, aber meine Familie setzte sie aus. Ich war wütend und verletzt. Aber ich glaube, viele Menschen sind verletzt worden und wollen nun helfen.«

Mit einer wachsenden Generation junger Menschen, die sich für den Tierschutz engagieren, haben die Katzen in Kuwait mehr Fürsprecher denn je. Hamad kniete sich hin, um eine Straßenkatze zu streicheln, wobei der Staub ihres Fells an seinem makellosen weißen Gewand hängenblieb. Er lächelte und kraulte ihr trotzdem das Kinn. »Katzen sind Lebewesen wie du und ich.«

شركة
العنقود الأخضر
العطارة
22413306
العنقود
الأخضر
العطارة
22413306
22413306

LABI
RESTORAN LABIRINT

BOSNIEN UND HERZEGOWINA

OFFIZIELLE SPRACHE: Bosnisch, Kroatisch und Serbisch

KATZE: Mačka (Bosnisch and Kroatisch), мачка / Mačka (Serbisch)

MOSTAR

Mostar liegt am türkisblauen Wasser des Flusses Neretva. In der Altstadt führen kopfsteingepflasterte Straßen zu Händlern, die traditionelles Kupferhandwerk und bosnischen Kaffee verkaufen. Es gibt hier den wichtigen kulturellen Begriff *ćejf*: Er steht für eine bewusste Handlung, die tiefe Befriedigung und Verbundenheit mit sich selbst hervorruft, wie das Nippen an einer Tasse Kaffee oder das Streicheln einer Katze. Es ist ein einfaches Vergnügen, das einem niemand nehmen kann.

Die Stadt ist nach der Stari Most benannt, einer ikonischen osmanischen Brücke aus dem 16. Jahrhundert, die sich hoch über dem Fluss wölbt. Wir standen am Ufer, bewunderten den einzigartigen Brückenbogen und streichelten eine Katze mit goldenen Augen, die auf einem riesigen Block aus zerklüftetem Tenelija-Kalkstein stand. »Dieser Stein ist Teil der ursprünglichen Brücke«, erklärte uns ein Einheimischer, »bevor sie zerstört wurde.« 1993 verwüstete der Krieg die Stadt, und die Stari Most wurde abgerissen. Die heutige Brücke wurde in der ursprünglichen architektonischen Technik neu erbaut und gehört zum UNESCO-Weltkulturerbe.

Als wir die steil abfallende Brücke hinaufgingen, entdeckten wir eine kleine, neugierige Katze namens Ferida. Als Hauskatze des Taucherclubs von Mostar passte ihre abenteuerlustige Art perfekt; in diesem Club trainieren junge Einheimische, um von der 24 Meter hohen Brücke in den Fluss darunter zu springen! Das Tauchen von der Stari Most ist eine Tradition, die eine sorgfältige Strategie erfordert. »Wir lieben Tiere«, sagte eines der Clubmitglieder, »und füttern sie immer.«

Ferida sitzt im Taucherclub von Mostar, während die Taucher eine Zigarette rauchen.

Als wir an der Hadschi-Memiya-Moschee vorbeigingen, begegneten wir am Eingang einer freundlichen orange-weißen Katze: »Im Koran gibt es viele Verbindungen zur Katze. Eine Katze ist das einzige Tier, das in einer Moschee erlaubt ist, weil sie am saubersten ist«, erklärt Ševko Jakirović, der in Mostar geboren und aufgewachsen ist: »Bei der Waschung muss man sich von allem reinigen, was schmutzig ist. Wenn man eine Katze anfasst, gilt sie noch als rein. Wenn man einen Hund berührt, muss man wieder von vorne anfangen.«

Ševko erklärte, warum Katzen in Mostar so willkommen sind: »Durch den Krieg wurden Gebäude zerstört und Dächer eingedrückt, sodass alles ziemlich verrottet war und es viele Ratten gab. Deshalb waren die Katzen wichtig; Katzen werden als Freunde sehr respektiert«, sagte er. »Wir haben hier ein Sprichwort: *teškha krv.* Das bedeutet ›schweres Blut‹, und wir sagen, dass Katzenblut schwer auf der Seele liegt: Wenn du einer Katze Schmerzen zufügst, widerfährt dir etwas Schlimmes – eine Art Karma.«

Kiki posiert in der Nähe eines Graffiti von Fans des Fudbalski klub Velež, einer angesehenen Fußballmannschaft aus Mostar.

Katzen sind überall in den Wohnvierteln von Mostar anzutreffen. Viele werden zumindest ein wenig versorgt. Als wir eine kräftige Katze vor einer großen Graffiti-Wand bestaunten, kam eine Frau um die Ecke, hob das Tier auf und nahm es zum Abendessen mit nach Hause. Dabei stellte sie die Katze als Kiki vor. »Die meisten Katzen werden nur unregelmäßig versorgt«, erklärte die Katzenschützerin Caroline Wisler.

Einige der glücklichsten Katzen der Stadt leben in einem privaten Hinterhof bei Amela Kreso, einer Schauspielerin am

Amelas Katzen laufen auf den Dächern der Altstadt herum, nähern sich den Touristen aber nicht: »Sie trauen den Menschen nicht, und das ist gut so«, sagt sie.

Nationaltheater, die sich leidenschaftlich für Katzen einsetzt. Amela lud uns auf die Terrasse hinter ihrem Haus aus dem 16. Jahrhundert ein, schenkte uns ein Glas *Sok od Nane* mit Minze aus ihrem Garten ein und stellte ihre Katzen Gica und Bijelo vor: »Meine Kinder haben Gica an der Brücke gefunden, als sie ein Baby war. Bijelo kam auch als kleines Kätzchen hierher – blind auf einem Auge.«

Zusammen mit ihren Kindern pflegt Amela Katzen in der ganzen Nachbarschaft und lässt sie kastrieren: »Katzen zu helfen, ist ein großes Anliegen meiner Familie«, sagte sie.

Als wir durch die Stadt liefen, tippte Andrew mir auf den Arm und sagte: »Ich höre Kätzchen.« Wir bogen um die Ecke und sahen eine Gruppe von Jungen, jeder mit einem drei Wochen alten Kätzchen in den Händen. Ich hielt den Atem an, als wir uns näherten, weil ich wissen wollte, ob es den Kätzchen gut ging ... und was dann geschah, war absolut herzerwärmend. Die Kinder erklärten, dass dies nicht ihr normaler Spielplatz sei, sondern dass sie nur da seien, um nach den Kätzchen zu sehen! »Wir haben sie vor sieben Tagen in diesen Reifen gefunden. Ihre Mutter ist dort«, erklärte uns ein Junge namens Harun und zeigte auf ein Kätzchen

auf der anderen Seite des Spielplatzes: »Wir kommen jeden Tag, um sie zu sehen. Weil sie so süß sind, schauen wir sie uns an, halten sie und legen sie wieder zurück.«

Er zeigte uns ein Kätzchen, dessen Augen verschlossen waren, und fragte, ob wir wissen, wie wir helfen können. Mit Wasser und einem Wattebausch löste ich die Verkrustungen und öffnete die Augen des Kätzchens vorsichtig, woraufhin die Jungen jubelten. Wir saßen im Dreck und führten ein wunderbares, rührendes Gespräch: »Manche Leute sagen, dies sei das Land des Herzens, weil es wie ein Herz geformt ist. Ich liebe jedes Tier«, sagte ein Junge namens Hamza. Er legte die Kätzchen behutsam in den Reifen zurück, und die Jungen kletterten auf die Spielgeräte und sangen ein Lied über die Liebe zu Katzen.

Die Jungen bezeichnen sich selbst als *mala raja*, was eine eng verbundene Gruppe von Freunden aus der Nachbarschaft bedeutet und wörtlich übersetzt »kleines Paradies« heißt.

Zwar gibt es in Mostar keine formellen Mittel zur Unterstützung von Tieren, doch Herzlichkeit und Mitgefühl: »Es sind die fürsorglichen Menschen, die hier den Unterschied ausmachen«, sagt Caroline. »Die Menschen haben nur begrenzte materielle Mittel, aber was sie haben, versuchen sie zu teilen. Die Offenherzigkeit der Mostarer ist ein Beweis für ihre Unverwüstlichkeit und Freundlichkeit. Und während Mostar in die Zukunft blickt, gibt es überall Mahnungen, sich an die Vergangenheit zu erinnern. Als wir uns gerade zum Verlassen der Stadt wendeten, lasen wir zwei wichtige Worte unter den Pfoten einer Katze: *DON'T FORGET* – vergesst nicht.

URUGUAY

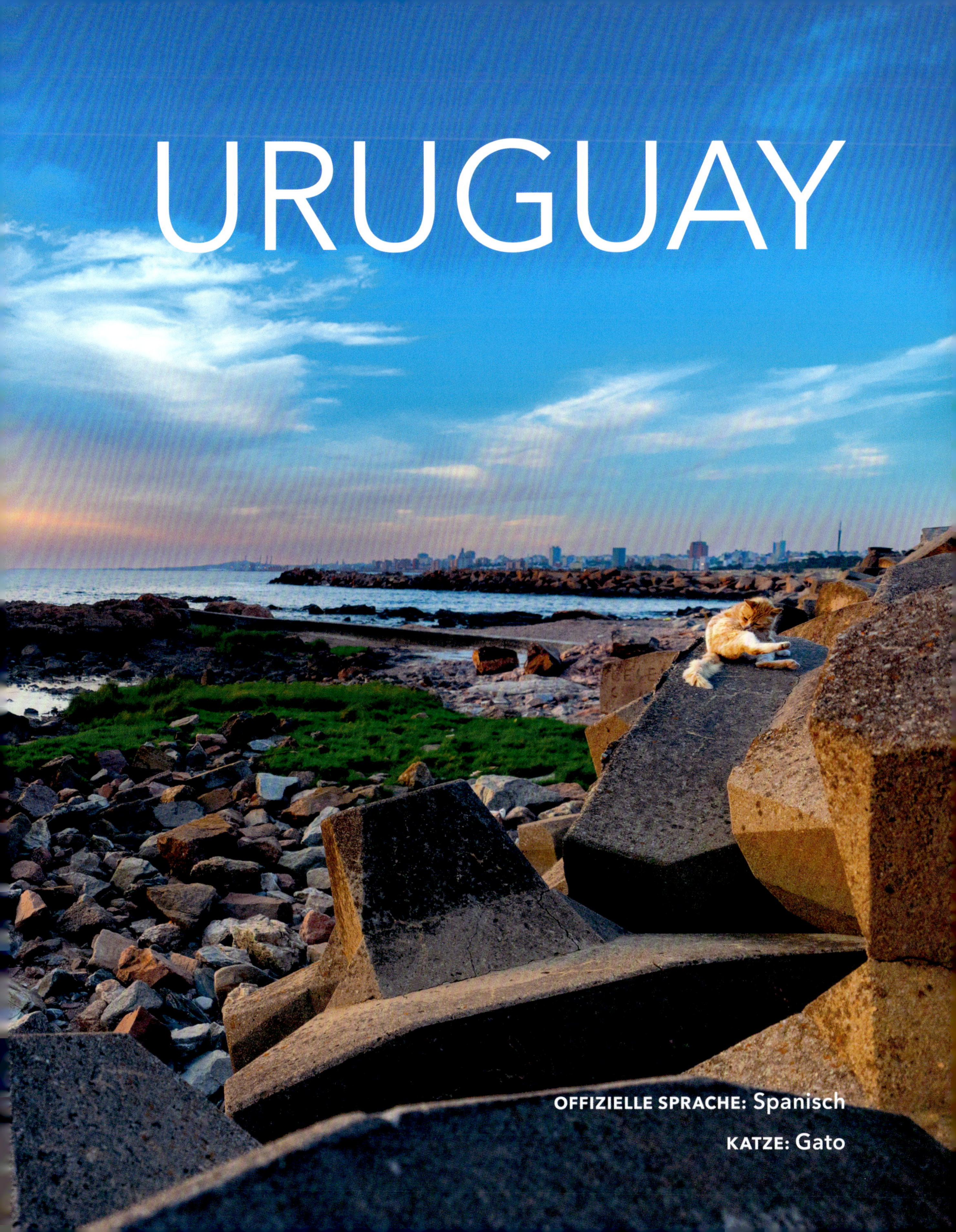

OFFIZIELLE SPRACHE: Spanisch

KATZE: Gato

MONTEVIDEO

In der Küstenstadt Montevideo lebt mehr als die Hälfte der Einwohner Uruguays, und angesichts der gastfreundlichen Gemeinschaft und der malerischen Aussicht ist leicht zu verstehen, warum. Uruguay wird regelmäßig als eines der fortschrittlichsten und wohlhabendsten Länder Lateinamerikas eingestuft und für seine starken Sozialprogramme und die hohe Lebensqualität gelobt. Wir wollten zum Hafen der Stadt, um mehr über das Leben der Katzen vor Ort zu erfahren.

»In Montevideo gibt es Programme für Menschen, aber für Tiere sieht es anders aus«, erklärt Jessica Schöpf, deren Leben sich änderte, als sie erfuhr, dass die Stadtverwaltung 300 Gemeindemitglieder aus einem nahe gelegenen Park in eine Wohnanlage umsiedeln wollte, die dort lebenden Tiere aber zurücklassen würde: »Ich ging zu der Siedlung, und sie waren dabei, alles abzureißen. Dort lebten 80 Katzen, die hungrig und verängstigt waren. Seitdem ist das mein Leben«.

Jetzt dient Jessicas Haus am ruhigen Río de la Plata als Zufluchtsort für die Katzen. Drinnen liegt ein halbes Dutzend Kätzchen in ihrem Bett, draußen entspannen sich noch mehr in einem geräumigen Innenhof. Als wir im Gras standen, versammelten sich die Kätzchen zu unseren Füßen, um Hallo zu miauen.

Laut Jessica ist die Vertreibung von Tieren ein ernsthaftes Problem in Montevideo: »Die Menschen bekommen ein freies Zuhause, aber das größte Problem ist, dass die Tiere nirgendwohin können«, seufzt sie. »So viele von ihnen werden zurückgelassen.« Als Teil der Organisation Garritas Charruas *(Garritas* bedeutet »kleine Krallen«, und die *Charrúa* sind das indigene Volk Uruguays) bringen sie und andere diese Tiere zur Pflege und Sterilisation zum Tierarzt und vermitteln so vielen wie möglich von ihnen ein Zuhause.

Nach unserem Mittagessen mit *chivitos* – leckeren uruguayischen Sandwiches – erhielt Jessica einen Anruf, in dem sie auf ein leer stehendes Haus aufmerksam gemacht wurde, in dem Katzen nach dem Tod des Hausbesitzers unversorgt zurückgelassen worden waren. »Das passiert fünfmal am Tag. Wir können sie nirgendwo hinbringen«, beklagte sie. Wir fuhren zu dem leeren Haus, wo wir ein leises Rascheln durch eine aufgebrochene Tür hörten.

Eine Gruppe abgemagerter Katzen tauchte auf und begrüßte uns vorsichtig. Ihre Gesichter wirkten eingefallen. Sie waren freundlich, schmutzig und ausgehungert. Wir füllten leere Behälter mit Wasser und suchten die Umgebung nach weiteren Katzen ab, während Jessica bei einem nahe gelegenen Metzger eine Tüte mit Innereien kaufte, in die sich die Katzen sofort mit Knurren verbissen. »Sie können im Laufe der Woche zum Tierarzt«, sagte sie, »und wir können ihnen morgen Futter bringen. Aber leider können sie heute nirgendwo hin.«

Die Arbeit eines Tierretters ist belastend: Wer immer wieder mit Tragödien konfrontiert wird, stellt schnell fest, dass es kein Ende gibt. Es ist wichtig, die eigenen Grenzen zu erkennen, um Hilfe zu bitten und sich selbst zu verzeihen, dass man nicht alles allein oder auf einmal machen kann. Als wir mit Jessica wegfuhren, überlegten wir, was wir tun könnten.

An diesem Abend erzählten wir gemeinsam die Geschichte der fünf geschwächten Katzen, und was dann geschah, überraschte uns beide: Es kamen genügend Spenden zusammen, um nicht nur ihre Versorgung, sondern auch die Kosten für die Sterilisation Hunderter weiterer Katzen zu decken. Innerhalb weniger Tage wurden die Katzen tierärztlich versorgt, und innerhalb weniger Wochen waren sie gesund genug, um adoptiert zu werden! Mit den verbleibenden Mitteln konnte eine Reihe von Sterilisationsaktionen in der ganzen Stadt durchgeführt werden.

Rettung ist eine nicht enden wollende Achterbahnfahrt aus Trauer und Optimismus, Krise und Fortschritt. Dabei ist es wichtig, gelegentlich durchzuatmen und das Gute zu betrachten, das bereits getan wurde. Überall, wo man hinschaut, gibt es Fortschritt, und Jessica wies stolz auf die Bereiche hin, in denen das Leben von Katzen durch freundliche Taten verbessert wurde. Wir hielten am Faro de Punta Brava an, einem Leuchtturm – einst ein Rückzugsort für Dutzende von Katzen, bis sie sterilisiert und in ein Zuhause vermittelt wurden. Heute gibt es nur noch wenige Katzen, die es vorziehen, sich nicht von Menschen stören zu lassen und wild und frei zu leben.

Wir saßen auf der Betonmole und genossen die Aussicht. Jessica schaute friedlich auf den Horizont, bevor sie auf ihr Telefon blickte, das mit einer Reihe von Benachrichtigungen über weitere Katzen in Not brummte. In nur einem Jahr hatte sie sich von einer besorgten Bürgerin zu einer Vollzeit-Retterin entwickelt.

SAUCE

In den Außenbezirken von Las Piedras gibt es einen sicheren Zufluchtsort für Katzen und Nutztiere: »Wir haben diesen Ort auf unserem Bauernhof geschaffen, wo wir mit den Tieren zusammenleben«, sagte Irene Hernández, Gründerin der Agrupación para la Protección y Cuidado de Animales. Als wir zwischen den lilafarbenen Gebäuden hindurchgingen, erreichten wir ein Feld, auf dem sich die Katzen im Gras räkelten, während die Hühner im fruchtbaren Boden um sie herum pickten. Scheunen und Plattformen aus einheimischem Holz boten den Katzen eine Auswahl an Ruheplätzen.

Irene hat die letzten zehn Jahre viele Wunder mit Tieren vollbracht. »Wir wissen, dass viele von ihnen nie ein Adoptivheim finden werden«, sagt sie. »Also versuchen wir, ihnen so nahe wie möglich zu kommen – damit sie sich sicher und geliebt fühlen.«

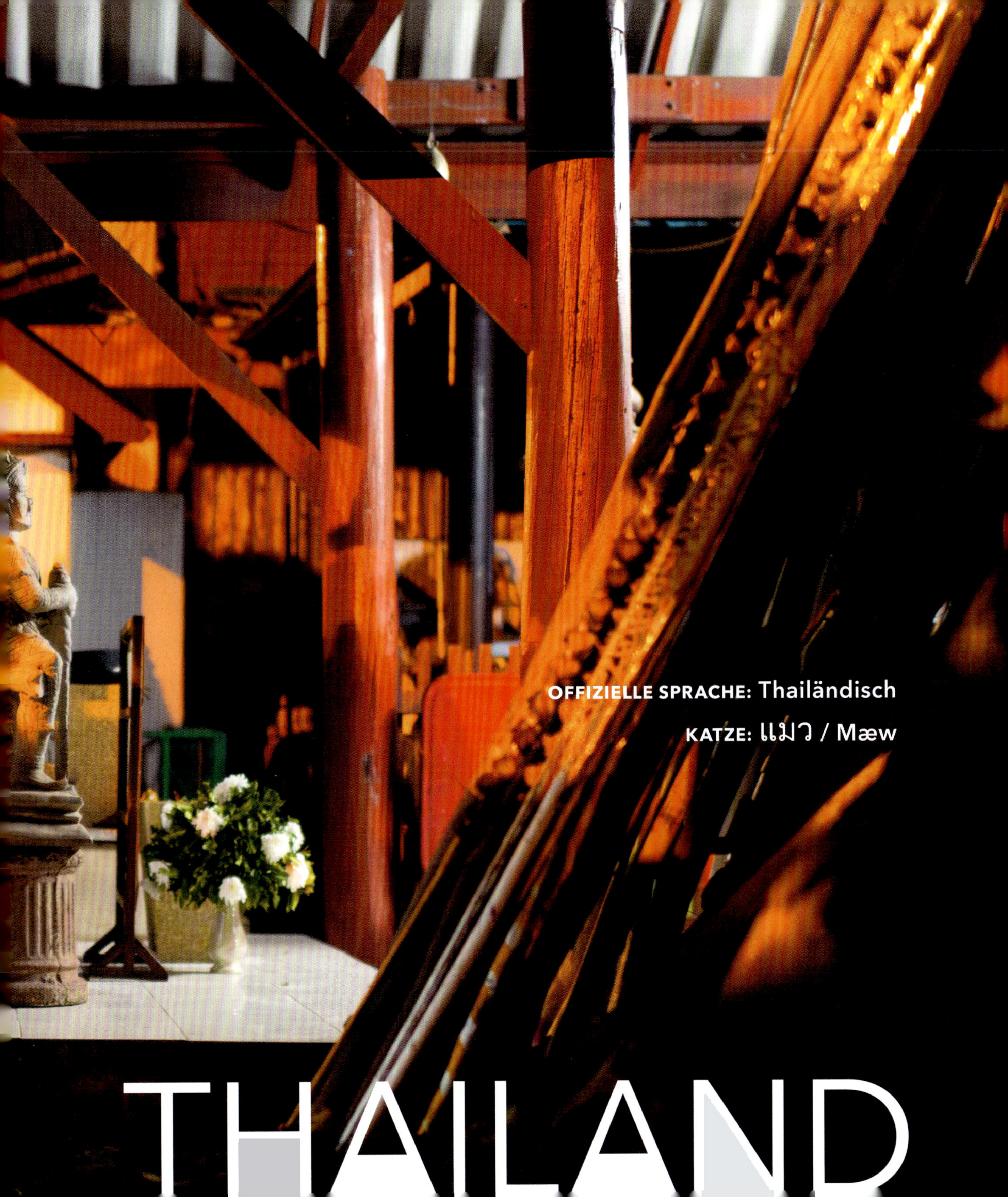

OFFIZIELLE SPRACHE: Thailändisch

KATZE: แมว / Mæw

THAILAND

KOH LIPE

Auf der ruhigen thailändischen Insel Koh Lipe scheint das Leben einfacher zu sein – kein Flughafen oder Pier in Sicht. Die einzige Möglichkeit, sie zu besuchen, ist eine Reise an Bord eines Longtailboots durch das atemberaubende türkisfarbene Wasser der Andamanensee. Wir gingen auf puderfeinem weißen Sand an Land und in ein Paradies, in dem Menschen und Tiere harmonisch leben.

Die Freiluftrestaurants auf Koh Lipe eignen sich gut für Katzen, und viele Ladenbesitzer auf der Insel schätzen sowohl die Gesellschaft als auch die Nützlichkeit dieser liebenswerten Nagetierjäger. Als wir in einem Restaurant unter freiem Himmel Platz nahmen, das thailändische und Chao-Ley-Gerichte servierte, rieb sich eine süße junge Katze liebevoll an den Beinen des Bambusstuhls. »Das ist Cindy«, sagte der Besitzer mit einem freundlichen Lächeln. »Normalerweise wohnt sie am Obst-

Naang, der eine große Metallglocke trägt, lungert vor einem örtlichen Geschäft herum.

stand auf der anderen Straßenseite, aber sie kommt morgens rüber, wenn ich anfange zu kochen. Die haben nur Obst, aber ich gebe ihr Fisch und Reis!«

Obwohl es auf der Insel keine Tierklinik gibt, wird die Katzenpopulation dank tierärztlicher Besuche, die ein jährliches groß angelegtes Sterilisationsprogramm durchführen, auf einer überschaubaren Größe gehalten. »Da nicht allzu viele Katzen geboren werden, wissen die Einheimischen, dass sie sich um die kümmern können, die schon da sind«, sagt ein Einwohner. Es ist deutlich zu sehen, dass viele der Katzen im Laufe der Jahre versorgt wurden. Nach der Sterilisation und der Tollwutimpfung erhalten die Katzen ein Brandzeichen auf der Hüfte mit dem Jahr der Operation.

Während sich manche Katzen in der Gegend herumtreiben, lebt eine Katze namens Usa seit mehr als einem Jahrzehnt fest in einem Tauchgeschäft am Strand. Als wir uns dem Geschäft näherten, um uns nach Leihkajaks umzusehen, sahen wir zwei pelzige Beine unter einem handgeschriebenen Schild hervorlugen und nach einem Besen greifen. »Wenn wir den Boden fegen, ist Spielzeit«, sagte der Ladenbesitzer und lachte. Die stämmige weiß-braune Katze ließ sich von der Tagesordnung der anderen nicht beirren. Frech hüpfte sie im Eingangsbereich herum, wedelte mit dem Schwanz und schlug nach den Füßen der Kunden. Auf ihrer Hüfte war die Zahl »54« eingebrannt; nach dem buddhistischen Kalender entspricht 2554 dem gregorianischen Kalenderjahr 2010, als sie sterilisiert wurde.

»Früher hatten wir einen Hund in der Tauchbasis, aber sie hat ihn rausgeschmissen ... Also haben wir eine Katze in der Tauchbasis! Sie ist der Boss hier«, sagt der Ladenbesitzer, der ihre Anwesenheit vehement verteidigt: »Einmal hat ein Tourist ihren Bauch berührt und sie hat ihn gebissen. Der Typ schrie uns an und sagte, wenn er krank wird, wird er uns verkla-

gen. Ich antwortete: ›Ich mache mir mehr Sorgen, dass Sie sie anstecken könnten, denn ich weiß, dass sie gesund ist. Aber ich weiß nicht, wo Sie gewesen sind!‹«

Wir lachten herzlich und wussten, dass wir den Kajakladen gefunden hatten, den wir unterstützen wollten. Wir fuhren mit dem Boot hinaus, wo ich auf dem Wasser die Aussicht genoss, ohne zu wissen, dass Andrew etwas Besonderes vorhatte. Als wir von unserer Expedition zurückkehrten, hatte ich ein Lächeln im Gesicht und einen Verlobungsring am Finger – und Usa war die erste, die ihn sah.

Während unseres Aufenthalts sahen wir nur eine Katze, die nicht sterilisiert war. In einer kleinen Wäscherei, in der Kleidungsstücke von Hand gewaschen und zum Trocknen aufgehängt werden, lag eine orange-weiß gestreifte Katze im Eingang und entblößte ihren Bauch mit geschwollenen rosa Zitzen. »Babys?«, fragte ich die Frau am Wäschetrog, und ihr Gesicht erhellte sich, als sie uns zu einem versteckten Ort einlud, an dem vier Kätzchen aufgezogen wurden.

Zwischen Holz- und Aluminiumstapeln versteckt, bot ihr winziges Fleckchen Erde alles, was sie brauchten: Unterkunft,

Schutz und die Nähe zur Nahrungsquelle der Mutter, dem Wäscheladen. Die Katzenmutter hüpfte in das Versteck und begann, ihre Kleinen zu putzen, die pummelig und gesund waren, bis auf eines mit einem verkrusteten Auge. »Sein Auge«, sagte die Frau und reichte mir einen feuchten Wattebausch. Ich hob das zwinkernde Baby auf, sein Bauch war weich und voll, als ich es hielt, um die Lider zusammenzudrücken und die Rückstände wegzuwischen. Zwei tiefblaue Augen blickten zurück, als ich ihn zu seiner Mutter zurückbrachte, die ihn mit eifrigem Lecken empfing.

Als wir uns von der Rotschopf-Familie verabschiedeten, tröstete mich die Gewissheit, dass dort, wo die Population ausgeglichen ist, genug für alle da ist: ein Platz für jedes Wesen, das Schutz, Nahrung und Beachtung findet. Die wenigen Kätzchen, die jedes Jahr auf Koh Lipe geboren werden, werden in eine Gemeinschaft hineingeboren, die sie als Teil von ihr betrachtet, und die Babys waren in den bestmöglichen Händen: in den Pfoten ihrer Mutter.

CHIANG MAI

Bei einem abendlichen Spaziergang durch das Herz von Chiang Mai beleuchtete das Mondlicht die zahlreichen buddhistischen Tempel der Stadt, deren Eingänge oft mit Statuen des *Singha* geschmückt sind, einer verzierten löwenähnlichen Kreatur, die für Schutz steht. Jetzt kamen die Katzen aus ihren Verstecken und versammelten sich vor den Toren zum Abendessen. In der Dämmerung ist es üblich, dass die Mönche die Reisreste an die Katzen verteilen, um sicherzustellen, dass kein Essen ungenutzt bleibt und kein Tier zu kurz kommt. Das Ritual verkörpert das buddhistische Prinzip des *ahimsa*: Freundlichkeit, Mitgefühl und Gewaltlosigkeit gegenüber allen fühlenden Wesen.

Für Tierliebhaber ist ein Besuch in Chiang Mai nicht vollständig ohne einen Besuch im Elephant Nature Park, einem friedlichen Zufluchtsort, der sich dem ethischen Umgang mit Elefanten verschrieben hat. Die Gründerin Lek Chailert hat ihr Leben der Rettung von Elefanten und Katzen gewidmet. »Um ehrlich zu sein, ist eine Katze eines meiner Lieblingstiere«, sagte sie uns. »Sie waren das erste Tier, das ich jemals wirklich kennengelernt habe.« Tausende von Katzen leben hier.

Katzen wandern entlang des Wassers, in dem Elefanten baden, faulenzen im »Katzenreich« und sonnen sich. Viele tragen rote Halsbänder oder eine lila Farbarkierung als Zeichen für eine kürzlich erfolgte medizinische Behandlung. Obwohl sie sich gerne um die Tiere kümmert,

wünscht sich Lek, dass dies gar nicht nötig wäre: »Wenn die Menschen einfach nur Respekt vor dem Leben hätten und die Tiere glücklich und frei sein ließen, dann müsste das Tierheim gar nicht existieren«, sagt sie. »Ich bitte die Menschen, freundlich zu den Tieren zu sein.«

Lek, deren Rettungsstation den Besuchern täglich eine vegane Thai-Mahlzeit anbietet, ist der Meinung, dass Mitgefühl etwas ist, das man Tieren aller Arten entgegenbringen sollte: »Wenn man sich um Elefanten und Katzen kümmert, ist der einzige Unterschied die Größe«, sagt sie. »Die Leute fragen mich, wie sich das Tier fühlt, und ich sage: ›Hören Sie auf Ihr Herz‹. Wir wollen einen sicheren Ort, wir wollen einen bequemen Ort. Das Gleiche gilt für Elefanten, das Gleiche für Katzen. Wir wollen alle das Gleiche.«

ENGLAND

OFFIZIELLE SPRACHE: Englisch

KATZE: Cat

LONDON

Kaum eine Katze hat mehr von London gesehen als Sigrid, die Fahrradkatze. Zusammen mit Travis Nelson hat die fünf Jahre alte Katze mehr als 3000 Kilometer in einem bequemen Fahrradkorb zurückgelegt, und sie liebt jede Minute. Jeden Morgen steht sie an der Tür und bettelt darum, dass man ihr ihr lila Geschirr anlegt und sie in den Korb setzt, um eine Runde durch die Stadt zu fahren. »Sie hasst es, wenn wir an einer Ampel stehen oder im Stau stecken – sie will schnell fahren! Sie will alles sehen«, sagt Travis.

Am Trafalgar Square ging Sigrid am Sockel der Nelsonsäule entlang, eines Denkmals aus dem 19. Jahrhundert mit vier massiven Bronzelöwen an den Seiten. Ruhig und zufrieden beobachtete sie den belebten Platz, ohne die Gruppe von Schaulustigen um sie herum zu bemerken: »Aufmerksamkeit ist ihr ziemlich egal«, sagte Travis. Da sie taub ist, störten sie die Geräusche der Straßenmusiker nicht, und sie sprang von Statue zu Statue und landete schließlich auf dem Sims des Jellicoe-Brunnens.

Als wir durch die überfüllten Straßen am Piccadilly Circus gingen, war klar, dass Sigrid nicht die Einzige war, die mit diesem Arrangement zufrieden war: »Die Leute sind so begeistert, eine Katze auf einem Fahrrad zu sehen. Alle winken immer und fragen, ob sie Sigrid streicheln dürfen. Sie bringt die Leute zum Lächeln.«

Sigrid ist nur eine von vielen Katzen, die Sie unterwegs antreffen werden. Gehen Sie in einen örtlichen Pub, und vielleicht treffen Sie dort auf eine der vielen freundlichen Katzen, die in diesen beliebten britischen Gaststätten leben.

»Eine Kneipe sollte eine Erweiterung des Wohnzimmers sein, und eine Katze ist perfekt dafür«, sagte Josh Freeborn, Manager des Tapping the Admiral. Er deutet auf Nelson, einen schwarzen Kater mit weißem Lätzchen und weißen Pfoten: »Wir sind eine Kneipe mit vielen Stammgästen, und Nelson ist Teil dieser Atmosphäre und Kultur. Jeder kennt und liebt Nelson. Er sitzt in der Mitte des Tischs zwischen schmutzigen Gläsern und ist zufrieden.

Ein paar Straßen weiter, im Old Eagle, stand eine Gruppe von Männern um die Bar herum, trank Lagerbier und erzählte uns Geschichten über die Kneipenkatze Churchill, die in einem leeren Bierkasten saß: »Ihr könnt ihn streicheln, wenn ihr wollt, aber nicht zu sehr, sonst schnappt er nach euch«, warnte ein Mann.

Während Pubbesitzer und Gäste gleichermaßen eine Bindung zu Pubkatzen aufbauen, ist es die Eignung der Katzen als Jäger, nicht ihre Zuneigung, die viele Pubbesitzer zur Adoption veranlasst. Als ich die Besitzerin des Seven Stars fragte, was die Leute denken, wenn sie eine Katze in der Tür sehen, schaute sie mich schräg an: »Was meinen Sie? Jedes Pub hat eine Katze ... oder sie haben Mäuse!« Ein schwarzer Kater mit einem Rüschenkragen kam auf sie zu, und sie streichelte ihn: »Sein Name ist General. Er ist der ansässige Mäusefänger.«

»Das ist ein Zeichen dafür, dass es keine Nagetiere gibt«, stimmte Freeborn zu. »Das ist sehr verbreitet, vor allem in den kleineren Pubs in der Nachbarschaft, wo es keine Touristen oder belebte Straßen gibt. Es ist sicher für die Katzen, hält Nagetiere fern, und natürlich mag sie jeder.«

Pubs sind nicht die einzigen Geschäfte in der Stadt, die Pfoten auf ihren Verkaufstischen haben. Auf dem Tooting Market richteten sich die zwei Monate alten Kätzchen Bec und Broadway in ihrem neuen Zuhause ein, nachdem sie von der belebten Markthalle adoptiert worden waren. »Die Leute lieben es, die Katzen zu sehen«, sagte ein Ladenbesitzer, als sich die Kunden um den Tisch versammelten, um die neuen Kätzchen zu begrüßen. »Sie sind so beliebt.«

»Bevor wir unsere erste Katze bekamen, war das Haus von Mäusen befallen. Nun, das ist London«, lacht Robert, der sich um das Wohl der Katzen kümmert. »Im Moment leben die Kätzchen bei mir in der Wohnung nebenan, aber ich bringe sie einmal am Tag zu Besuch herüber. Am ersten Tag störte sie der Lärm der Gemüselieferanten! Aber jetzt lieben sie es hier.«

Auch die Verkäufer auf dem Tooting Market lieben die Katzen: »Man erkennt uns Katzenmenschen daran, dass wir Löcher in unsere Ladentüren schneiden, damit die Katzen reinkommen können«, sagt Ali, die einen farbenfrohen Süß-

warenladen besitzt, in dem sie sich um eine schwarz-weiße Katze namens Chester kümmert. »Nachts, wenn die Rollläden heruntergelassen werden und der Markt ruhig ist, geht Chester gerne raus und erkundet die Gegend. Aber tagsüber ist er hier in diesem Korb.«

Der prächtigste Ort, an dem man eine Katze in der Stadt antreffen kann, ist die Southwark Cathedral, die älteste gotische Kathedrale in London. Die Architektur ist atemberaubend, von den hohen Bögen und den kunstvollen Steinmetzarbeiten bis hin zu den Buntglasfenstern und dem goldenen Altar. Als wir im Kirchenschiff standen, konnten wir spüren, dass wir uns in der Gegenwart von etwas wahrhaft Göttlichem befanden. Und dann sahen wir Hodge, die Katze.

Der sieben Jahre alte Tuxedo-Kater hat ein Gespür dafür, Neuankömmlinge in die Gemeinde zu locken: »Er ist eine großartige Missionarskatze«, erklärt der Dekan der Kathedrale, Very Reverend Andrew Nunn. »Leute, die normalerweise nicht in eine Kirche kommen würden, kommen zu ihm und wollen dann ein Gebet sprechen oder eine Kerze anzünden. Er scheint ein angeborenes Gefühl dafür zu haben, wenn jemand traurig ist, und setzt sich dann zu ihm.«

Die Kathedrale von Southwark beherbergte nicht immer eine Katze, bis 2008 eine kleine getigerte Katze in der Tür auftauchte. Sie wurde auf den Namen Doorkins Magnificat getauft und wurde von vielen Besuchern geliebt – einschließlich Queen Elizabeth! Als Doorkins jedoch krank wurde und sich in das Haus eines Mitarbeiters zurückzog, wandte sich das Team an ein örtliches Tierheim, um sich nach einer neuen Katze für die Kathedrale zu erkundigen: »Sie sagten: ›Wir haben diese Katze seit sechs Monaten und niemand will sie haben.‹ Also ging ich hin, um Hodge kennenzulernen«, erinnert sich Jon Dollin, der für die Kathedrale arbeitet und Hodges populäre Social-Media-Seiten betreibt. »Wir vereinbarten einen Tag, an dem er kommen sollte, und es war zufällig der Tag, an dem Doorkins starb.« Als die Kirche beschloss, einen Gedenkgottesdienst für Doorkins abzuhalten, so Dollin, »löste das in der Kirche von England einen Aufruhr aus. Es gab Bischöfe, die dies für lächerlich hielten. Aber nach dem Gottesdienst haben sich nationale Zeitungen und prominente Persönlichkeiten zu Wort gemeldet, und diese Bischöfe sind dann herumgewuselt und haben gesagt: ›Okay, na gut!‹ Es geht nämlich um Akzeptanz und darum, jemandem ein Zuhause zu geben, der eines braucht. Das haben wir mit Doorkins getan, und das tun wir jetzt mit Hodge«.

Hodge genießt die volle Kontrolle über das riesige Gebäude, einschließlich des Bischofsthrons, eines luxuriösen gepolsterten Stuhls, der nur für den Bischof bestimmt ist … und anscheinend auch für die Katze! »Er klettert sogar auf die Kanzel und setzt sich dort hin, als ob er eine Predigt halten wollte«, scherzte der Dekan. Ich fragte, was Hodge seiner Meinung nach sagen würde, wenn er zu der Gemeinde sprechen könnte. Er hielt einen Moment inne und antwortete dann: »Ich denke, er würde sagen: ›Ihr könnt hier ein Zuhause finden.‹«

Für Londoner, die ein Tier adoptieren möchten, gibt es viele wunderbare Organisationen, die man besuchen kann. Aber nichts konnte mich auf das vorbereiten, was wir bei unserem Besuch im Battersea Dogs & Cats Home, Londons größtem Tierheim, sahen. Zu den Annehmlichkeiten der Battersea-Cattery gehört ein Schlafraum mit Glasfront, der über eine Treppe zu einem mehrstöckigen Aufenthaltsbereich führt. Die Organisation legt großen Wert darauf, dass sich jede Katze frei entscheiden kann, ob sie einen privaten dunklen Bereich oder einen Fensterplatz wählen möchte, und dieses Ethos spiegelt sich auch in der Adoptionspolitik wider.

»Für unsere jüngeren Katzen bitten wir darum, dass sie in ein Zuhause mit Zugang nach draußen kommen, damit sie ihr natürliches Verhalten zeigen können«, erklärt Bridie Williams, die Leiterin des Cattery-Teams: »Wir sehen viele Katzen, die mit Verhaltensproblemen zu uns kommen. Die Menschen sind sich nicht unbedingt darüber im Klaren, dass das Verhalten, das sie an den Tag legen, auf die Frustration zurückzuführen ist, in einem Haus gehalten zu werden. Also suchen wir nach Häusern mit Gärten, und das Verhalten der Katzen verbessert sich.«

Eine adoptierbare Katze namens Cheese Toasty – der britische Begriff für einen Käsetoast – zeigt ihr Zimmer.

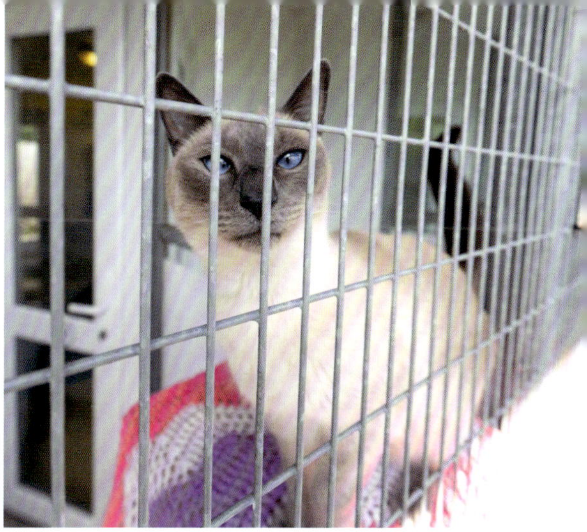

BATH

Wir schlängelten uns durch üppig grüne Kalksteinhügel und machten uns auf den Weg in die historische Stadt Bath. Sie gehört zum UNESCO-Weltkulturerbe und ist bekannt für ihr antikes römisches Badehaus und ihre georgianische Architektur aus dem 18. Jahrhundert. Wir sahen uns die Sehenswürdigkeiten an, als wir uns auf den Weg zum Bath Cats & Dogs Home machten, wo jedes Jahr mehr als 1000 Tiere ein Zuhause finden.

Als wir im offenen Tierheim ankamen, führten uns die Mitarbeiter in einen großzügigen Außenbereich mit einer langen Reihe von Katzenhäusern, in denen jeweils eine adoptierbare Katze untergebracht war. Im Inneren jedes abgeschirmten Geheges führte eine kleine Klappe zu einem privaten Innenraum, aber nur wenige Katzen wollten den schönen Tag drinnen verbringen.

»Das ist ja eine beeindruckende Einrichtung! Aber haben Sie auch Katzen in Käfigen oder« begann ich zu fragen, woraufhin alle drei Mitarbeiter mit einem entschiedenen »Nein!« antworteten, als ob die Frage selbst absurd wäre. Keiner von ihnen kannte ein Tierheim in England, das Katzen in Käfigen unterbringt, da dies nicht den Mindestrichtlinien für Tierheime entspräche. Was ihnen normal erschien, war für mich absolut erstrebenswert, und es war wunderbar zu wissen, dass es irgendwo auf der Welt solche Einrichtungen nicht nur gibt, sondern dass sie zum Standard gehören.

Katzenklappen ermöglichen den Zugang zum Garten.

Als Nächstes gingen wir in den Cat Enrichment Garden, einen großen umzäunten Außenbereich, in den Freiwillige ihre Katzen zum Spielen bringen können, ähnlich wie man einen Hund in einen Hundepark bringt. Eine junge Kattunkatze namens Miepie sprang über Baumstämme, wälzte sich im Gras und schnupperte an den katzenfreundlichen Kräutern wie Thymian und Johanniskraut, die an den Rändern angepflanzt waren. Begeistert kletterte sie auf einen Baum, klammerte sich an einen Ast über meinem Kopf und schaute mit einem Funkeln in den Augen auf mich herab. Ich hatte Tränen in den Augen. Ich hatte schon öfter in Tierheimen geweint, aber dieses Mal weinte ich vor Freude.

Die Organisation legt großen Wert darauf, dass die Tiere nicht nur im Tierheim, sondern auch in den Adoptivfamilien das Beste aus beiden Welten haben. Charlotte Wotton, Expertin für Katzenverhalten, legt großen Wert darauf, für jede Katze ein Zuhause zu finden, das ihren individuellen Bedürfnissen entspricht: »Wenn eine Katze abgegeben werden soll, treffe ich mich mit dem Katzenbesitzer in ihrem Zuhause, um zu sehen, wie ihre frühere Umgebung aussah, und zu erfahren, wie weit sie sich gerne bewegt hat. Wenn eine Katze nicht straßentauglich ist, vermitteln wir sie nicht in eine belebte Gegend. Wir versuchen, den perfekten Partner zu finden.«

Eine Ragdoll-Katze namens Nami hat dank Charlotte einen ruhigen Zufluchtsort gefunden: »In ihrer alten Nachbarschaft gab es viele Katzen, und sie wurde schikaniert. Die Besitzer luden uns in den großen Garten hinter ihrem 200 Jahre alten Haus ein, wo Nami gerne in der Sonne liegt und Schmetterlinge beobachtet. Diese malerische Szene verdeutlichte das gute Leben, das sie den Katzen bieten wollen: die sanfte Brise, die durch Namis Fell weht, während sie in einem Blumenfeld steht, sicher und geliebt.

KINGS LANGLEY

Unsere Reise endet in Kings Langley, wo wir am Grand Union Canal saßen und die Katzen beobachteten, die sich in einem Blumenfeld tummelten, während schmale Boote vorbeifuhren. Die Katzen leben hier relativ friedlich mit ihren wilden Nachbarn zusammen, wie uns die Tierpflegerin Michelle erklärte: »Wir haben hier zwar Füchse, aber die haben ein bisschen Respekt voreinander, da sie ähnlich groß sind. Es gibt auch Igel, aber die rollen sich einfach zusammen. Manchmal streiten sie sich mit einem Schwan, aber der weicht nicht zurück. Die Katzen sind vernünftig genug, um wegzulaufen.«

Bei einer solchen Vielfalt an Anblicken und Gerüchen interessierten sich diese naturliebenden Katzen kaum für das mitgebrachte Federspielzeug, sondern beobachteten viel lieber eine Libelle oder einen Käfer an einem hohen Grashalm. Warum sollte man sich mit Künstlichem zufriedengeben, wenn man das Echte haben kann?

SPECIAL

VEREINIGTE STAATEN

Während wir reisten, begann ich, mein eigenes Land auf eine neue Art zu betrachten. Die meiste Zeit meines Erwachsenenlebens habe ich in den Vereinigten Staaten im Katzenschutz gearbeitet, und ich hatte angenommen und akzeptiert, dass das, was Katzen hier erleben, die Norm ist. Mit erweitertem Horizont begann ich zu grübeln: Was charakterisiert die amerikanische Katzenwelt?

Die USA haben mit mehr als 4000 Tierheimen das wohl solideste Tierheimsystem der Welt. Das kann ein enormer Vorteil sein, denn es gibt immer einen Ort, an den man ein Tier in Not bringen kann. Doch die Allgegenwart dieser Einrichtungen macht es allzu leicht, dass auch gesunde Katzen und Kätzchen von der Straße aufgelesen und in Tierheimen untergebracht werden, auch wenn dies bedeutet, dass sie jedes Jahr zu Hunderttausenden getötet werden, weil es an Pflegekapazitäten mangelt.

Der amerikanische Geist ist ein unabhängiger Geist, der das Individuum oft über das Kollektiv und das Privateigentum über den Gemeinschaftsraum stellt. Es überrascht nicht, dass der Fund eines Kätzchens oder einer Katze im Garten bei unseren Bürgern so starke Gefühle auslöst. Wir sind entweder besorgt, dass sie sich verlaufen haben, und wollen, dass ihnen jemand hilft, oder wir sind verärgert, dass sie auf unserem Rasen liegen, und wollen, dass jemand sie wegbringt. »Es wird als selbstverständlich angesehen, dass es immer die richtige Lösung ist, ein Tier ins Tierheim zu bringen«, sagt die Tierschutzexpertin Kristen Hassen. »In Amerika neigen wir dazu, uns mit der Institutionalisierung im Allgemeinen wohler zu fühlen; wir haben sozusagen behauptet, dass es nicht nur die Norm ist, Tiere in Käfige zu stecken, sondern dass es auch das Richtige ist, dies zu tun. Ich denke, dass diejenigen von uns, die Katzen lieben, sich fragen müssen, warum das so ist«, sagte ich mir. Wie kann es sein, dass in einem Land mit enormen Ressourcen und einer großen Tierliebe Katzen einem höheren Risiko der Euthanasie ausgesetzt sind als fast überall auf der Welt?

Um die Geschichte zu verstehen, sprach ich mit Dr. Kate Hurley, der Leiterin des UC Davis Koret Shelter Medicine Program: »Unser Tierheimmodell hat seinen Ursprung in der Entfernung von Hunderudeln von der Straße, die als

Eine Katze in einem Tierheim, das alle abgegebenen Tiere aufnimmt

Bedrohung für die öffentliche Sicherheit angesehen wurden. Wenn wir diese Hunde schon töten müssen, sollten wir wenigstens versuchen, sie vorher unterzubringen. Aber das galt nicht für Katzen, bis wir in den 1960er-Jahren begannen, sie als Haustiere zu betrachten.« Mitte des 20. Jahrhunderts revolutionierte die Erfindung von Katzenstreu die Frage, wo wir unsere Hauskatzen halten ... und wie wir über die Katzen denken, die wir draußen sehen. Plötzlich verschwand die amerikanische Toleranz gegenüber Straßenkatzen; ihre Existenz wurde entweder als bedauerlich, also ein zu lösendes Problem, oder als Ärgernis angesehen, das beseitigt werden müsse. Dr. Hurley fuhr fort: »Ich denke, das wirklich Schädliche war, dass wir ein Modell für Hunde genommen und es auf Katzen übertragen haben – das hat zig Millionen Katzen das Leben gekostet« Bis heute sind es vor allem frei lebende Katzen und ihre Jungen, die den Großteil der in US-Tierheimen getöteten Tiere ausmachen.

Vielen Amerikanern ist nicht bewusst, wie viele Kätzchen im Freien geboren werden. Jeden Frühling und Sommer werden Hunderttausende von der Straße aufgelesen, von fürsorglichen Menschen, die nicht wissen, dass die Mutter wahrscheinlich in der Nähe ist ... oder dass die meisten Tierheime nicht dafür ausgestattet sind, Neugeborene zu versorgen. Der Aufbau von Ressourcen zur Rettung dieser Kätzchen ist mein Lebenswerk, von der Erstellung von Aufklärungsmaterial bis hin zur Finanzierung lebensrettender Maßnahmen durch unseren gemeinnützigen Orphan Kitten Club. Aber erst als ich internationale Reisen unternahm, begannen die Leute, mir eine grundlegende Frage zu stellen: »Warum sind verwaiste Kätzchen in den USA überhaupt so ein großes Problem?« Es stellte sich heraus, dass in vielen Teilen der Welt der Anblick von Kätzchen im Freien nicht automatisch bedeutet, dass sie grausam ausgesetzt wurden und in ein Tierheim oder zu einer Hilfsstelle gebracht werden müssen. Stattdessen gibt es in vielen Kulturen ein größeres Wissen über frei lebende Katzen, und man weiß: Wenn diese Katzen nicht sterilisiert sind, dann werden Kätzchen geboren.

Pflegekätzchen Dal erhält in unserer Pflegestelle ein Fläschchen.

Mir ist bewusst, dass viele Amerikaner glauben, es gäbe da draußen jemand, der absichtlich ganze Nachbarschaften mit ausgesetzten Katzen und Kätzchen »übersät«. Doch wenn wir uns von dieser falschen Vorstellung freimachen, tritt eine einfache Wahrheit zutage: Seit der Gründung unseres Landes teilen wir unseren Lebensraum mit Katzen. Wenn wir sie als festen Teil unserer Gemeinschaft begreifen, erkennen wir auch, wie viel jeder Einzelne durch mitfühlendes Handeln bewirken kann.

»Die Tierheimarbeit verändert sich. Jeder kann Teil der Lösung sein, und wir zeigen, wie sich gemeinschaftliche Verantwortung leben lässt«, sagte Kristen, eine führende Expertin für die Reduzierung von Einschläferungen. Und sie hat Recht. Seitdem ich mich engagiere, habe ich eine bemerkenswerten Wandel miterlebt: hin zu Programmen, die Tierheime entlasten und ganz normale Menschen dazu ermutigen, eine aktive Rolle bei der Versorgung von Tieren zu übernehmen – etwa durch direkte Vermittlungen zwischen Privathaushalten, Pflegeplätze, Sterilisationsprogramme frei lebender Katzen und Betreuung von Katzenkolonien. Je mehr wir erkennen, welchen Einfluss jeder Einzelne haben kann, desto mehr werden gewöhnliche Menschen zu Lebensrettern.

»Katzen sind heute kulturelle Symbole«, sagt Katzenexperte Jackson Galaxy. »Jetzt gilt es, die Liebe zu Katzen in konkrete Hilfe umzuwandeln.« Das wachsende öffentliche Interesse bietet die Chance, Menschen zu motivieren und sie aktiv für den Tierschutz zu gewinnen.

Eine kleine Katze hat gezeigt, dass Berühmtheit dazu genutzt werden kann, eine Sache zu unterstützen. Lil Bub, ein unscheinbares Kätzchen, das in einem Geräteschuppen in Indiana gefunden wurde, entwickelte sich zu einem der größten Katzen-Superstars der amerikanischen Geschichte. Obwohl sie mit einer seltenen Krankheit namens Osteopetrose geboren wurde, eroberte sie mit einem Musikalbum Platz eins der Billboard-Charts, und moderierte sogar ihre eigene Talkshow, in der sie so renommierte Gäste wie die First Lady Michelle Obama interviewte. »Ihre Berühmtheit ermöglichte ein wichtiges Gespräch über Haustiere mit besonderen Bedürfnissen«, sagte Stacy Bridavsky, Leiterin der gemeinnützigen Organisation Lil BUB's Big FUND. »Sie war eine Katze, die man normalerweise nicht sehen würde, weil sie in einem Tierheim eingeschläfert worden wäre. Also lud sie zu einem Dialog darüber ein, wen wir vielleicht übersehen und wie wir ihnen helfen können. Sie hat gezeigt, dass alle Katzen einen Wert besitzen.«

Lil Bub und ihr Kumpel Mike Bridavsky posieren für ein Selfie mit einem Fan auf einer Katzenschutztagung. »Die Menschen sind von ihrer Entschlossenheit inspiriert«, sagte er.

Aus dem wachsenden öffentlichen Interesse und Bewusstsein rund um Katzen entsteht eine neue Gemeinschaft von Katzenfreunden, die sich zunehmend vernetzt. In New York Citys erstem Katzencafé erzählte die Besitzerin Christina Ha: »Als wir Meow Parlour eröffneten, war ich so überrascht, dass Katzenmenschen doch nicht so introvertiert sind ... Jetzt dienen Katzencafés, Katzenschutzveranstaltungen und soziale Medien dazu, dass wir lernen, wachsen und zusammenarbeiten können, um die Nation für Katzen sicherer zu machen. Es geht darum, den Menschen endlich den Raum zu geben, zusammenzukommen, und die Kraft, zu wissen, dass sie wirklich etwas bewirken können. Wir pflanzen den Samen und sehen, wie er wächst.«

Noch nie war es so aufregend wie heute, sich für Katzen in Amerika einzusetzen. Wir erleben in Echtzeit, welche unglaublichen Fortschritte wir machen können, wenn wir unsere kollektive Stärke nutzen, indem wir uns an Pflegefamilien, kommunalen Katzenbetreuungsprogrammen und anderen Freiwilligenprogrammen beteiligen, um die zu Tierheime entlasten. Was einst eine starr strukturierte Verwaltung von Katzen war, entwickelt sich nun zu einem Geist, der sich stärker an Amerikas erklärten Idealen der bürgerlichen Verantwortung orientiert: Fragen Sie nicht, was Ihr örtliches Tierheim für Sie tun kann, sondern was Sie für Ihr örtliches Tierheim tun können.

Als Andrew und ich unsere Tickets einscannten und zu weiteren Abenteuern mit Katzen aufbrachen, war ich begierig darauf, mein eigenes Wissen zu erweitern ... Jeder Stempel in unseren Pässen bedeutete neue Erfahrungen und Ideen, die wir mit nach Hause nehmen konnten.

Anstatt eingesperrt zu werden, werden die Katzen an einer kalifornischen Anlegestelle sterilisiert und von einem täglich wechselnden Team von Freiwilligen umsorgt.

KENIA

OFFIZIELLE SPRACHE: Suaheli und Englisch

KATZE: Paka (Suaheli)

NAIROBI

Das naturreiche Nairobi ist die einzige Hauptstadt der Welt mit einem Nationalpark innerhalb ihrer Stadtgrenzen. Der beeindruckende Tierreichtum macht sie außergewöhnlich – stellt aber auch besondere Herausforderungen für das Wohlergehen freilebender Hunde und Katzen dar.

»Tollwut ist in ganz Afrika ein großes Problem, aber besonders hier in Nairobi wegen des Parks. Affen können nachts leicht Hunde und Katzen beißen, deshalb ist die Tollwutprävention so wichtig«, sagt Brenda Ambitho, deren Organisation Strayville Animal Rescue sich mit diesem Problem befasst. Als wir das Jamhuri-Viertel während einer Impfaktion zu Fuß erkundeten, beobachtete uns eine Familie von Grünen Meerkatzen, die sich von Balkonen schwangen.

Mit Freiwilligen suchten wir an den vielen Obst- und Gemüseständen und Open-Air-Läden, die die Straßen säumten, nach Katzen, die eine vorbeugende Impfung brauchten. »Die meisten Ladenbesitzer sind Massai«, erklärte Brenda. Die Massai, einer der größten Stämme Ostafrikas, sind traditionell nomadische Hirten mit einer engen Beziehung zu Vieh und Wildtieren: »Sie sind Hirten, aber da sie in der Stadt leben und keine großen Tiere halten können, haben sie oft eine Vorliebe für kleine Tiere wie Katzen.«

In einem farbenfrohen Laden, der Snacks und Haushaltswaren verkauft, stellte uns ein junger Massai-Mann namens Baraka seine Katze Michael vor. Er setzte den zahmen Kater auf den Ladentisch, während Brenda und ihr Tierarzt Dr. Malakwen Rotich die Impfung vorbereiteten: »Alle hier lieben Michael«, sagte sie, während sie ihn für die Injektion festhielt. »Die meisten Katzen in dieser Gegend sind jetzt sterilisiert, und wenn eine neue Katze kommt, rufen mich die Massai an, damit wir helfen.«

Während sich einige Tierschützer auf Präventionsprogramme konzentrieren, hat eine Frau ihr Haus in ein Katzenasyl verwandelt – das sie mit über 400 Katzen und einem ganzen Team von Pflegern teilt. »Es begann mit einer Katze, Miu. Sie war so klein, dass ich sie immer in mein Hemd steckte! Nach ihr habe ich anderen Katzen, die ich sah und die Hilfe brauchten, einfach geholfen. In kürzester Zeit hatte ich 23«, sagte Rachel Kabue, die Mitbegründerin des Nairobi Feline Sanctuary, als wir in dem geräumigen Katzengehege saßen, das neben ihrem Zuhause liegt. »Jetzt fängt es an, mich zu überfordern. Es war alles in Ordnung, bis die Leute es herausfanden, und jetzt will jeder eine Katze ›spenden‹ – können Sie sich das vorstellen? Mein Leben hat sich sehr verändert«, seufzt sie.

Am anderen Ende der Stadt ist die KSPCA seit über 100 Jahren landesweit führend im Tierschutz. In ihrem Tierheim in Nairobi bieten riesige Freigehege den Katzen viel Platz im Freien. Als wir eintraten, wurden wir von einem Chor fröhlichen Miauens begrüßt: »Sie sind so zutraulich, weil sie merken, dass dies das Paradies für sie ist«, sagte Tierschutzbeauftragter Ian Kiringa. Er stellte eine Mahlzeit aus Reis und Hackfleisch hin und fügte hinzu: »Wenn ich es nicht essen würde, sollte es auch keine Katze bekommen.«

»Das ist meine Berufung«, sagte eine KSPCA-Mitarbeiterin, als sie die drei Wochen alte Mira in den Arm nahm.

Auf einer Bank sitzend, mit einer getigerten Katze auf dem Schoß, erzählte Ian: »Ob es nun um die Tiere, die Umwelt, die Menschen oder sogar die Wildtiere geht, man kann diese Dinge nicht voneinander trennen. Es ist die Wechselbeziehung zwischen den Arten und der Umwelt, die zählt. Der Mensch verursacht Müll, der der Natur schadet. Die Katze frisst den Müll. Der Mensch sieht die Katze auf dem Müll und wirft einen Stein, was Aufschluss über den Geisteszustand des Menschen gibt. Es hängt alles zusammen.«

Seitdem sich die Wohnsituation verändert, ist die Adoption von Katzen in Nairobi immer beliebter geworden: »Viele Menschen ziehen jetzt in Wohnungen, und wenn sie einen Gefährten wollen, holen sie sich eine Katze. Doch wenn man oft umzieht, kann sich die Katze in der neuen Umgebung verirren«, erklärt Muthoni Gichobi, eine lokale Katzenschutzbeauftragte. Muthoni lehrt, dass Katzen nur nach draußen gehen sollten, wenn sie sterilisiert sind, und dass sie allmählich an die Umgebung gewöhnt werden sollten, wie sie es mit ihrer Katze Kina getan hat, die darauf trainiert ist, rechtzeitig zum Abendessen nach Hause zu kommen. »Meine Katzen lieben es draußen. Vorher lebten sie in einem Betondschungel, aber jetzt gibt es für sie mehr zu erkunden.«

In einer Wohnung im obersten Stockwerk schafft der einheimische Fotograf und Buchliebhaber Bill Muganda wunderschöne Kunstwerke – beruhigende Bilder in warmen Farbtönen, die von seiner Bewunderung für Katzen und Literatur inspiriert sind. Als er uns in seinem stilvollen Zuhause begrüßte, ertönte sanfte Klaviermusik aus der Stereoanlage, während ein orangefarbener Kater namens Atlas an einem hohen Stapel Bücher vorbeischlenderte, vom Sonnenlicht angestrahlt.

»Ist es nicht erstaunlich, wie Katzen Menschen miteinander verbinden können, die sich sonst nie begegnet wären?«, fragte er, und wir stimmten von ganzem Herzen zu: »Meine erste Katze bekam ich zufällig. Vor zehn Jahren kochte ich gerade und sie kam einfach in meine Küche. Jetzt kann ich mir ein Zuhause ohne Katzen nicht mehr vorstellen«, sagte Bill, »sie haben mein Leben wirklich verändert.«

LAMU

Die Insel Lamu mag klein sein, aber ihre Bedeutung als Stätte des kulturellen Erbes der Swahili ist groß. Die gut erhaltene Architektur, traditionelle Bräuche und die atemberaubende Schönheit der Natur sind ein lebendiges Zeugnis der alten swahilischen Lebensweise. Eine besondere Facette des Lebens in Lamu ist die einzigartige Beziehung der Menschen zu Katzen.

Katzen gibt es in Lamu wahrscheinlich schon seit den frühen Seefahrern, die sie als Mäusejäger auf ihren Handelsschiffen mitbrachten. Noch heute warten bei Flut ganze Katzenfamilien am Ufer auf Fischreste der Fischer. Wenn sich das Wasser zurückzieht, laufen sie über den feuchten Sand, suchen nach Nahrung und erholen sich im langen Schatten der Holzboote.

Da sie sich auf einer so kleinen Landmasse entwickelt haben, weisen viele Lamu-Katzen einzigartige Merkmale auf: »Reine Lamu-Katzen sind schlank, haben lange Beine, kleine, kantige Köpfe und große, spitze Ohren – sie stammen von Katzen ab, die im 16. Jahrhundert mit Handelsschiffen aus Ägypten kamen"«, sagte ein sachkundiger Fischer, während er ihnen kleine Bissen zuwarf. »Jetzt sind viele dicker, weil sie sich mit Europäern gekreuzt haben.«

Auf der Insel Lamu gibt es keine Autos. Für längere Strecken oder den Transport von Waren

Eine Sokoke-Katze wartet auf einen Fisch. Die Sokoke ist eine natürliche Rasse aus den Küstengebieten Kenias.

nutzt man Boote oder Esel. Man kann diese kleinen, sanften Tiere überall an der sonnigen Küste in der Gesellschaft von Katzen sehen: »Jedes Haus hat einen Esel und eine Katze«, erklärt ein Einheimischer. »Der Esel ist das Transportmittel. Die Katze ist der Schutz vor Nagetieren!«

Da die Gemeinschaft auf Lamu überwiegend muslimisch ist, sehen viele die Fürsorge für Katzen auch als Teil ihres Glaubens. »Wenn du dich um Tiere kümmerst, wird dir Gott etwas zurückgeben – etwas, das du nicht erwartest. Gott wird dich reich segnen«, sagte Sal, ein Einheimischer, den wir beim Fischkauf auf dem Markt trafen. Draußen vor dem Eingang knabberten Kätzchen an kleinen Fischstückchen: »Wenn du die Katzen kennst, kennt Gott dich.«

Die engen Wohnstraßen kamen uns wie eine Schnitzeljagd vor, bei der wir nach Katzen Ausschau hielten und die wunderschöne Architektur der Insel bewunderten. Fast alle Häuser sind aus lokal gewonnenem Korallengestein gebaut. An einem Eingang bemerkten wir eine kleine Katzenkolonie, die sich vor einer geschnitzten Holztür versammelte, und blieben stehen, um Hallo zu sagen.

Ein Mann namens Costa tauchte auf und stellte jede der Katzen liebevoll mit Namen vor: »Wenn wir essen, bekommen sie auch etwas davon. Sie lieben Fisch, Reis, Chapatis ...«, lachte er. Er deutete auf das orangefarbene Weibchen in der Tür und erzählte, dass sie trächtig sei: »Und das

hier ist der Ehemann. Wir haben ihn gerade zur Sterilisation gebracht, weil sie uns sonst Probleme machen«, sagte er, während der sterilisierte schwarze Kater sich zu ihm hochstreckte, um sich streicheln zu lassen.

Mit nur einem Tierarzt für Katzen, wenigen Lebendfallen und keinen Fahrzeugen für den Transport zur Klinik ist die Behandlung der stetig wachsenden Katzenpopulation nicht leicht. Doch das kleine Team der Lamu Animal Welfare Clinic lässt sich davon nicht aufhalten: Jeden Morgen ziehen sie mit einem Handwagen durch die Gemeinde, um die noch nicht sterilisierten Katzen einzusammeln. Tierarzthelfer Saidi Shukran ist inzwischen Experte darin, Katzen mit Handschuhen einzufangen und in einen Käfig zu setzen, damit sie zur Sterilisation in die Klinik gebracht werden können.

Die meisten Bewohner sind für die Dienste dankbar, doch das Team trifft auch auf Einheimische, die nicht verstehen, was sie tun. Vor einem Haus kam es zu einem Streit zwischen den Fängern und einer Gruppe von Be-

wohnern: »Nehmt mir nicht meine Katzen weg! Lasst sie frei!«, rief ein Mann, der sichtlich verzweifelt war, als er sah, dass die Katzen gefangen wurden. Nach einem langen Gespräch auf Suaheli schien sich der Mann zu beruhigen und nickte zustimmend: »Ach so, ihr nehmt sie mit, damit's keinen Nachwuchs mehr gibt? Okay.« Saidi setzte die Katzen in den Wagen und ging die Straße weiter entlang. Als wir uns mit einer Gruppe erwachsener Katzen und einem kleinen kränklichen Kätzchen auf den Rückweg in die Klinik machten, erzählte uns Dr. Njema Maina, welche Bedeutung seine tierärztliche Arbeit für ihn hat: »Ich freue mich, wenn ich sehe, dass ein Tier, das schwach war oder sich in keinem guten Gesundheitszustand befand, nach der Behandlung wieder gesund wird. Das bereitet mir große Freude.«

ARGENTINIEN

OFFIZIELLE SPRACHE: Spanisch

KATZE: Gato

BUENOS AIRES

In den wunderschönen öffentlichen Parks von Buenos Aires sind Geschichten über unkontrollierte Katzenpopulationen dank der entschlossenen Arbeit lokaler Helfer nur noch eine ferne Erinnerung. Vor den Toren eines botanischen Gartens im Stadtteil Palermo trafen wir uns mit Mitgliedern von Hacé Feliz a un Gato (Mach eine Katze glücklich), um herauszufinden, wie sie es geschafft haben, die Zahl der streunenden Katzen von Hunderten auf eine Handvoll zu reduzieren.

»Am Anfang zählten wir 300 oder mehr Katzen im Park. Es war der Wahnsinn«, sagt die Gründerin Eugenia Pascal. »Auf Schritt und Tritt gab es Katzen mit Räude, Katzen in sichtbar schlechtem Zustand; man konnte sie schon von Weitem keuchen hören. Ich dachte bei mir: Das ist so beschämend. Für uns als Menschen ist das eine Schande. Also kam ich 2008 mit einer Tüte Katzenfutter vorbei und sagte: ›Wir müssen uns organisieren.‹«

Seitdem betreibt sie die Organisation in einem schrankgroßen Schuppen im Jardín Botánico Carlos Thays. Mit nur zwei übereinander gestapelten Käfigen und einer kleinen Menge an Vorräten mag es das kleinste Tierheim der Welt sein – aber sie nutzen ihre Ressourcen strategisch und verlassen sich auf Pflegeeltern, um Katzen aus dem Park in ein Zuhause zu bringen.

In dem wunderschön gepflegten Garten füttern Freiwillige diskret die wenigen verbliebenen wilden Katzen. Eine misstrauische Katze namens Khalo, die sie als »König des Buschs« bezeichnen, fraß im Schutz des Grüns, während eine ängstliche Katze namens Lilith sich vorsichtig vom Dach eines üppigen Gewächshauses herunterarbeitete, um ihre Morgenmahlzeit zu bekommen.

»Wer ist das?«, fragte ich und bemerkte eine Katze, die untypisch zutraulich wirkte. Eugenia schaute genau hin und schüttelte den Kopf. Sie erkannte die Katze nicht.

»Sie ist neu«, sagte sie enttäuscht. Sie begrüßte die Katze und hob sie in eine Katzenbox. Da es in der Stadt kein Tierheim gibt, ist der Garten de facto zu einem Abladeplatz geworden, und die Organisation findet regelmäßig die dort ausgesetzten Katzen und nimmt sie wieder auf. Die neu angekommene Katze war sehr gesellig und lieb und rieb ihr Gesicht an den Gitterstäben der Katzenbox, mit der sie ihre Reise zur Adoption antreten konnte.

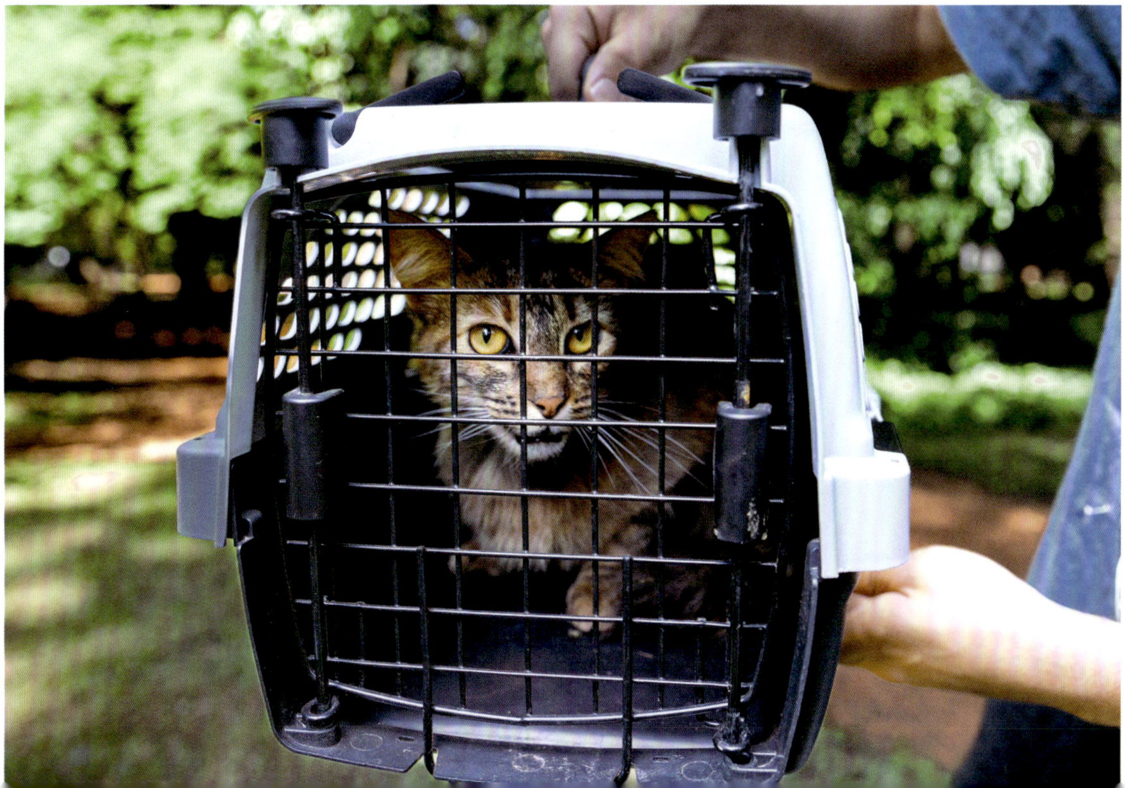

Die Tuxedo-Geschwister Coco und Gatuvela leben an einem großen Denkmal.

Als wir an einem hohen Denkmal vorbeikamen, hielt Eugenia inne und zeigte uns ein Foto aus dem Jahr 2008, auf dem an derselben Stelle fast 50 Katzen zu sehen waren. Sie blickte an dem Bild vorbei und lächelte stolz über den fast leeren Platz: »Wir müssen einfach weitermachen.«

Eine Reise nach Buenos Aires ist ohne einen Besuch des Friedhofs von Recoleta nicht vollständig. Berühmt für seine kunstvollen Denkmäler einiger der bedeutendsten Persönlichkeiten Argentiniens, wie Eva Perón, war das Gelände fast zwei Jahrzehnte lang auch die Heimat einer großen Katzenfamilie. Dank Sterilisierungs- und Adoptionsprogrammen ist die Population jedoch stark zurückgegangen – sodass nur noch ein einziger Kater über das Friedhofsgelände regiert.

Mit Kameras und Wasserflaschen bewaffnet, verbrachten wir einen sehr heißen Tag damit, das Labyrinth der Gräber auf der Suche nach Alfredo zu durchstreifen, und fanden ihn schließlich schlafend auf den Fliesen im Sicherheitsbüro: »Er schläft tagsüber hier«, sagte uns ein Wachmann. Nach seiner Siesta begleitete er uns auf einem Spaziergang vorbei an Statuen und Marmormausoleen, ein Wächter über die ruhenden Seelen und vielen Katzen, die ihm vorausgegangen waren.

OFFIZIELLE SPRACHE: Arabisch

KATZE: قطة / Qittah

VEREINIGTE ARABISCHE EMIRATE

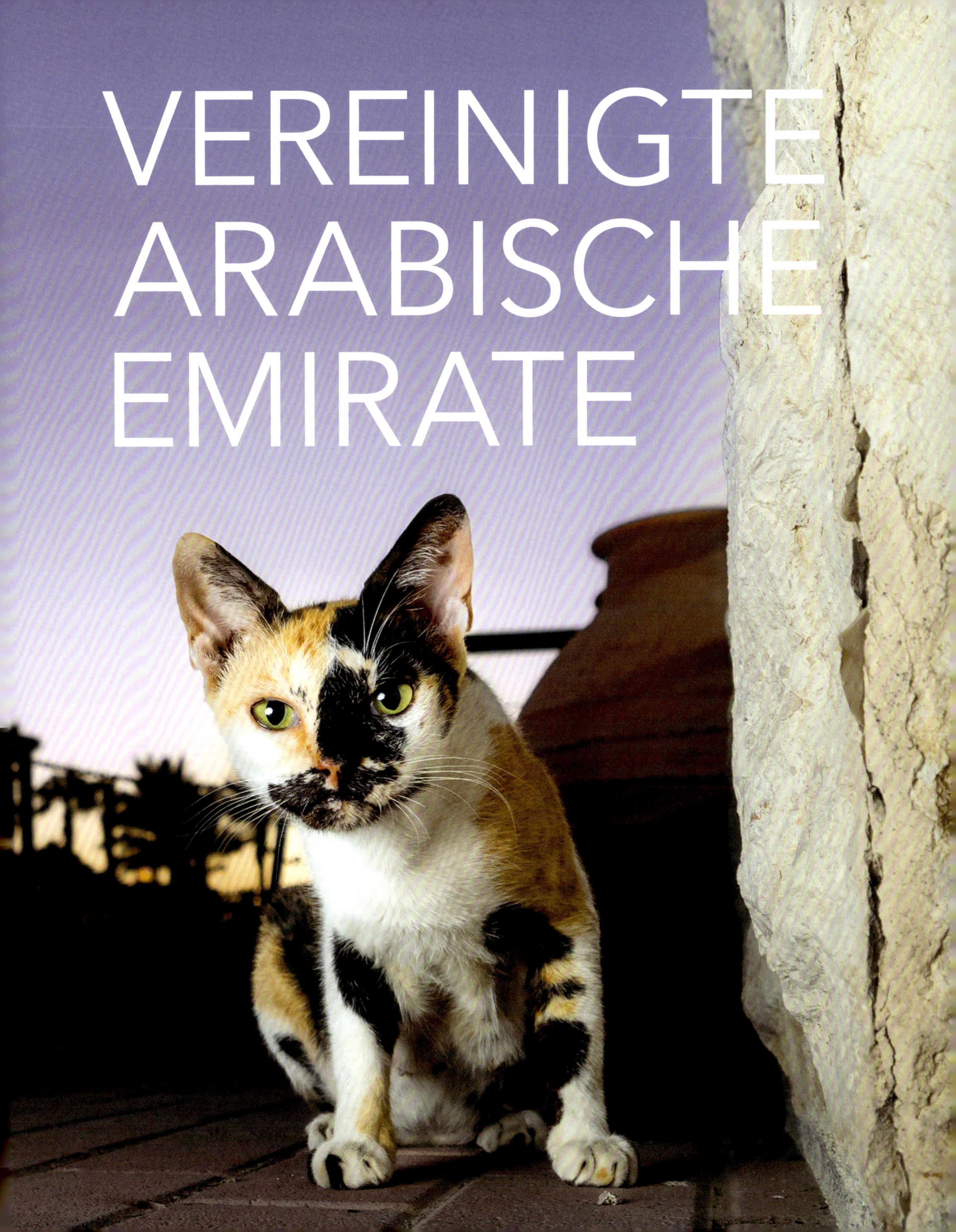

DUBAI

Dubai, das sowohl als bevölkerungsreiches Wirtschaftszentrum als auch als beliebter Ort für Luxusreisen bekannt ist, ist ein Wunderwerk von einer Stadt mit opulenten Angeboten, einer Weltklasse-Infrastruktur und einer multikulturellen Mischung aus Einwohnern und Besuchern aus aller Welt. Dubais Wohnungskatzen genießen viele Annehmlichkeiten und blicken von ihren hoch gelegenen Unterkünften aus über künstliche Kanäle und üppige Palmen. Doch die Katzen, die nach einem Freigang nicht nach Hause zurückfinden, und diejenigen, die sich um sie kümmern, müssen sich mit den besonderen Herausforderungen des Lebens in der Stadt aus Gold auseinandersetzen.

Entlang der Küste trifft der Persische Golf auf einen Sandstrand und einen kilometerlangen Spazierweg, auf dem sich Katzen sonnen, während Jogger vorbeiziehen. Wie diese Katzen dorthin gekommen

sind, darüber kann man nur spekulieren: Manche sagen, dass die Bauunternehmer sie mitgebracht haben, um Nagetiere zu bekämpfen, andere sagen, dass es sich um ausgesetzte ehemalige Haustiere handelt. Es ist wohl eine Kombination aus beidem. Sicher ist jedoch, dass die Anwesenheit dieser umherstreifenden Katzen ein relativ neues Phänomen für eine Stadt ist, die vor 50 Jahren größtenteils eine unbewohnte Wüste war.

Entlang des Strands stehen unauffällige PVC-Rohr-Fütterungsstationen für die einheimischen Katzen. »Das Füttern von frei laufenden Katzen ist hier illegal«, sagt ein Anwohner, »aber man sieht immer noch Leute, die es tun ... sehr diskret.«

Die rasante Entwicklung Dubais hat das Gebiet stark verändert, und im Laufe eines halben Jahrhunderts ist die menschliche Bevölkerung um mehr als das 35-Fache gewachsen. Es ist kein Wunder, dass sich Katzen in den Restaurants und den ausgedehnten Souqs der Stadt tummeln; Katzenpopulationen gedeihen unweigerlich in symbiotischer Partnerschaft mit menschlichen Siedlungen.

Schaut man genau hin, entdeckt man überall Zeichen von Katzenliebe: Von den Verkäufern im Gold-Souq, die Wasserschalen bereitstellen, bis zu den Arbeitern, die ihren Fisch teilen, ist Mitgefühl auch eine Folge menschlicher Nähe. »Wir holen die Fische mit einem Netz aus dem Wasser«, erzählte ein Hafenarbeiter in einem Souq am Meer, »und wir teilen sie mit den Katzen und ihren Babys. Sehr lecker«

Doch in einer Stadt, die sich rühmt, ein Paradies zu sein, sorgt die Anwesenheit von Katzen mitunter für einen Imagekonflikt – sowohl für Unternehmen als auch für die Regierung: »Die Außenwirkung ist hier alles«, sagte ein örtlicher Tierschützer. »Es gibt Glanz und Glamour und daneben die Realität«. Tatsache ist, dass es keine staatlichen Hilfsmittel für Tiere gibt. Aber es werden regelmäßig Schädlingsbekämpfer beauftragt, um die Katzen zu entfernen. »Doch die Schädlingsbekämpfer wollen nicht, dass das Blut dieser Katzen an ihren Händen klebt«, fuhr sie fort, »deshalb werden sie oft in abgelegene Gebiete umgesiedelt. In wohlhabenden Gegenden muss das Image perfekt sein, in abgelegenen Gegenden beschwert sich niemand.«

Abseits der noblen Einkaufszentren und glänzenden Hochhäuser wurden viele Katzen in die Camps umgesiedelt, in denen die Wanderarbeiter untergebracht sind. »Wenn man es einmal gesehen hat, sieht man es immer wieder. Wenn in einem wohlhabenden Viertel eine Katze auftaucht, ist sie noch am selben Tag verschwunden. Das ist Dubai«, sagte ein Mann aus Uganda, der im Arbeiterlager lebt und seine Abende damit verbringt, sich um die Hunderte von Katzen in der Gegend zu kümmern: »Sie bringen sie hierher, und ich bin der Einzige, der hilft«, seufzte er.

Auf der anderen Seite der Stadt teilt ein Mann, der in Dubai geboren und aufgewachsen ist, seine Villa mit 60 bis 70 Pflegekatzen. Ein prächtiger Bogen über weißen Säulen säumt den Eingang, in dem sich einige glückliche Katzen in der Sonne räkeln, und im Inneren gibt es reichlich Platz, um Dutzende von Katzen gleichzeitig unterzubringen. »Als wir von einer Wohnung in ein Haus umzogen, wussten wir, dass es ein Zoo werden würde«, lacht der Tierschützer, der zusammen mit seiner Frau Straßenkatzen rettet. »Jetzt ist die Zeit unser größter Feind, nicht der Platz.«

In seiner Küche erzählte er von der Ernüchterung, die er und andere Katzenretter in der Stadt oft erleben: »In Dubai dreht sich alles um Äußerlichkeiten. Viele Männer schreiben mir, dass sie eine flauschige Katze als Geschenk für ihre Freundin suchen. Ich schicke ihnen dann ganz bewusst Fotos normaler arabischer Mau-Katzen, und sie melden sich nie wieder. Wir müssen so sein, weil wir wissen, dass die Leute sie sonst später wieder aussetzen. Und das bricht mir das Herz.«

Ein lebenslanger Wohnsitz in den VAE ist selten: Über 85 Prozent der Einwohner Dubais stammen aus anderen Ländern, die manchmal ihre Katzen zurücklassen, wenn sie in ihre Heimatländer zurückkehren. Doch die oft wechselnde Bevölkerungsstruktur bietet auch wunderbare Möglichkeiten, Ressourcen zu teilen und Kameradschaft zu pflegen. »Vielleicht gehen wir unterschiedliche Wege, aber wir haben das gleiche Ziel«, sagte ein Auswanderer aus den USA bei einem Abendessen, bei dem Tierretter aus Ägypten, dem Libanon, Rumänien, Uganda, Italien, Kanada, Australien, England, den USA und den Vereinigten Arabischen Emiraten zusammenkamen, um sich über ihre Erfahrungen auszutauschen: »Die Vielfalt dieses Landes öffnet einem wirklich die Augen. Es ist eine wunderbare Sache.«

Eine Gruppe von Auswanderern beweist, dass sogar in einer Luxussiedlung Harmonie mit streunenden Katzen erreicht werden kann. Die Frauen haben sich unter dem Namen Petooti Cats zusammengeschlossen, um möglichst viele Katzen in der Umgebung zu vermitteln; Katzen,

die kein Zuhause finden, besuchen sie, um sie täglich zu versorgen. »Ich bringe ihr jeden Tag ein Spielzeug zum Spielen mit, weil sie so eine Jägerin ist«, sagte eine italienische Auswanderin, während sie eine schwarze Katze mit einem Federstab neckte.

»Ich wünschte, wir könnten sie zusammen unterbringen«, sagte eine hier lebende Amerikanerin über Kali und Zorro, ein Katzenpaar, das immer auf ihrer Lieblingsbank zu finden ist. »Zorro ist ihr Ehemann«, lachte sie. Das Katzenduo ohne Zuhause ist eine seltene Ausnahme, da Katzen in einem gehobenen Viertel normalerweise nicht erlaubt sind. Mit viel Überzeugungsarbeit haben die örtlichen Bauträger und Geschäftsinhaber die Anwesenheit der Katzen akzeptiert, solange sie versorgt werden.

»Das ist ein schönes Viertel mit Restaurants und Geschäften – Katzen dürfen keine Babys bekommen oder krank aussehen, weil sich die Leute sonst beschweren«, sagte eine Australierin und erklärte damit, warum ihre Gruppe so erfolgreich ist: Wir tun alles, um die Katzen gesund und gut versorgt zu halten. »Aber wir befinden uns in einer Zwickmühle. Weil die Katzen zutraulich sind und gepflegt wirken, entsteht manchmal der Eindruck, dies sei ein Tierheim. Deshalb ist unsere Arbeit hier nie erledigt. Es werden immer wieder neue Katzen ankommen.«

Die Zukunft der städtischen Katzenpolitik ist noch offen, aber eine örtliche Tierschützerin hofft, dass die Gemeinde die Leitprinzipien des Islam für den Umgang mit Katzen nutzen wird: »Wenn man den islamischen Lehren des Propheten Mohammed folgt, sollten wir alle Lebewesen freundlich behandeln. Meine Eltern haben mich gelehrt, dass am Tag des Gerichts die anwesenden Tiere sagen werden: ›Dieser Mensch war unfreundlich‹ oder ›Dieser Mensch hat mich gefüttert, als ich hungrig war.‹ Wir werden danach beurteilt werden, wie wir andere behandelt haben.«

TÜRKEI

OFFIZIELLE SPRACHE: Türkisch

KATZE: Kedi

ISTANBUL

Als wir durch die Straßen von Istanbul schlenderten, waren wir nicht nur erstaunt, wie viele Katzen es hier gibt, sondern auch, wie sehr sie als Bürger willkommen geheißen werden. Angefangen bei den überall auf den Straßen aufgestellten Futter- und Wassernäpfen bis hin zu den herzerwärmenden Begegnungen, die wir beobachten konnten, schien die Freundlichkeit gegenüber Katzen in dieser historischen Stadt zur menschlichen Natur zu gehören.

Auf dem Gewürzbasar begegneten wir einer älteren Kattunkatze, die in einem Laden lebte, der Blütentee, Safran in Gläsern und süße Köstlichkeiten verkaufte: »Alle lieben sie. Sie hatte einen Tumor, und wir haben in allen Geschäften Geld für die Operation gesammelt«, sagte Deniz, ein Angestellter. »Wir nennen sie den türkischen Garfield, weil sie ein bisschen dick ist«, lachte er, während sein Kollege der Katze den Rücken massierte.

Vor einem Café in Karaköy stolzierte eine Katze unter einem Baldachin aus Weinblättern umher: »Ihr Name ist Bonjour«, sagte der Geschäftsinhaber und zeigte uns ihre Babys, die sie in einem Abstellraum aufzog. Er stellte eine Dose Katzenfutter auf den Boden und bekundete damit stolz seine Liebe für die Katzenfamilie.

Am Eingang eines Regierungsgebäudes versperrte eine pummelige schwarz-weiße Katze einer Frau den Weg ... Sie kniete sich neben die sich putzende Katze und verhandelte humorvoll mit ihr auf Türkisch, was die anderen Passanten zum Lachen brachte.

LAKERDA
BULUNUR
TARAMA
BALIK
YUMURTASI
EMINÖNÜ
TAZE BALIKÇ
TAZE
BALIKÇIYA
HOŞ GELDİNİZ

Am Bosporus, an dem Asien und Europa zusammenstoßen, wartete eine Katze geduldig darauf, dass ein Fischer seine Angel auswarf. Jeder vierte oder fünfte Fang wurde ihr angeboten, und sie knabberte dankbar an den interkontinentalen Fischen, bis sie sich satt gefressen hatte. Das Teilen von Fisch und Meeresfrüchten schien überall üblich zu sein, sogar auf den Märkten.

Katzen leben in den Souvenirläden des Galata-Turms und im Garten des Archäologischen Museums.

In Istanbul gibt es mehr als 3000 Moscheen, in vielen von ihnen leben Katzen. Im *sahn*, dem offiziellen Innenhof, faulenzen die Katzen im Schatten und trinken aus den öffentlichen Brunnen, in denen die Einheimischen *wudu* verrichten, ein Reinigungsritual, bei dem der Körper vor dem Gebet gesäubert wird.

In der Mihrimah-Sultan-Moschee hat Hayriyre Arslan, die Hausmeisterin der Moschee, Kätzchen auf dem Friedhof gerettet. »Hier sind sie sicherer«, erklärt sie und meinte ein Dutzend kleiner Katzen, die sie hinter einem verschlossenen Tor aufzieht, bis sie groß genug sind, um frei herumzulaufen.

In ihrem privaten Zufluchtsort hüpften die Kleinen im hohen Gras und spielten hinter den Grabsteinen Verstecken, gestärkt durch das Futter, das Hayriyre großzügig zur Verfügung stellt: »Von meinen drei Mahlzeiten esse ich zwei, damit sie die andere bekommen können«, erklärte sie uns. Hinter einem Stapel Gebetsteppiche säugt eine Katzenmama ihre Kätzchen. Dieser Unterschlupf im Freien ist vielleicht die einzige Kätzchenaufzuchtstation der Welt in einem Gotteshaus!

Außerhalb der Ayasofya, bekannt als Hagia Sophia, versammeln sich die Besucher, um das Meisterwerk aus der byzantinischen Ära zu bewundern, während Katzenfamilien über die alten Steinpfade der Höfe springen. Es ist unmöglich, die heiligen Hallen dieses architektonischen Wunders zu betreten, ohne von miauenden Katzen begrüßt zu werden.

Tief im Inneren des Gebäudes erhebt sich eine riesige Kuppel über den Besuchern. Mosaike stellen religiöse Szenen dar, während prächtige Kronleuchter glänzen, und viele Touristen sind begierig darauf, die exquisiteste Attraktion von allen zu fotografieren: Pakize, die ansässige Katze.

»Pakize liebt Besucher über alles. Sie ist eine perfekte Gastgeberin«, sagt Ayasofya-Mitarbeiterin Birsen Özdemir. Die zutrauliche junge Katze begrüßte die Gäste an der Tür, galoppierte über die Teppiche und ließ sich bereitwillig überall bewundern: »Sie geht nicht vom Schoß der Touristen runter und stellt sich ständig vor deren Kameras!«

Pakize, ursprünglich eine Straßenkatze, marschierte einfach in das historische Wahrzeichen und erklärte es zu ihrem Zuhause. Jetzt genießt die ungewöhnliche Bewohnerin mehr als 7000 Quadratmeter Wohnfläche und so viel menschliche Zuneigung, wie sie sich nur wünschen kann: »Pakize liebt die Hagia Sophia sehr«, sagte Birsen, als sie die glückliche Katze fütterte.

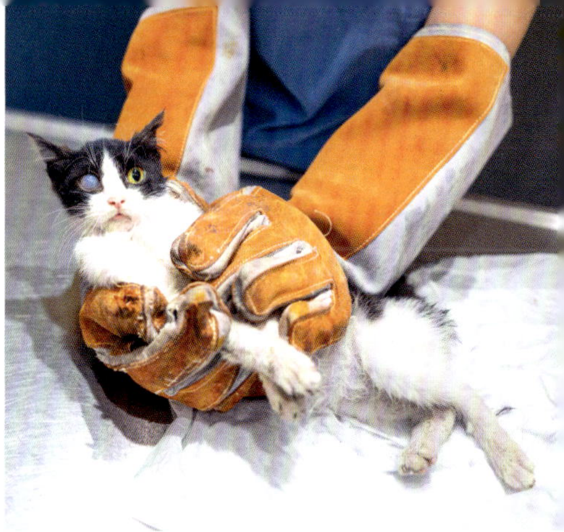

Trotz unzähliger glücklicher Geschichten warnen einheimische Retter davor, Istanbul als Paradies für Katzen darzustellen: »Katzenliebhaber in anderen Ländern denken, es sei das Paradies, aber das ist nur die Hälfte der Geschichte«, sagt Sarper Duman, ein professioneller Pianist, der kranke und verletzte Katzen von der Straße rettet: »Überall füttern Menschen Katzen, aber selten sieht man Menschen, die sie zum Tierarzt bringen. Auch wer Tiere liebt, kann ohne finanzielle Mittel nicht helfen.«

In der kurzen Zeit, die wir dort verbrachten, trafen wir auf mehrere Katzen, die medizinisch versorgt werden mussten. In einem Baugebiet fingen Sarper und ich eine Katze ein, die notoperiert werden musste, und ein teilweise blindes Kätzchen, das Hilfe brauchte. Eine Einheimische weinte dankbar; sie wollte seit Wochen helfen, konnte sich die Behandlung aber nicht leisten.

Sarper hatte nicht immer die Mittel, um zu helfen: »Eines Tages ging ich nach Hause und hörte eine Katze, die aus einem Müllsack schrie. Ich nahm diese Katze mit und ließ sie operieren, obwohl das finanziell schwer für mich war«, sagte er und erinnerte sich daran, dass er einige seiner Besitztümer verkaufte, um der Katze, die er adoptierte, zu helfen: »Schließlich wurde sie gesund. Eines Tages bat mich meine Klavierschülerin, ein Video von einem Lied zu machen, und Pianist Cat kam und setzte sich auf die Tasten, während ich spielte. Es war niedlich, also dachte ich, vielleicht sollte ich es teilen ... und plötzlich änderte sich alles.« Sarpers Video ging viral. Ehe er sich versah, schaute ein weltweites Millionenpublikum zu und wartete gespannt auf weitere Musikvideos mit seinen Katzen und wollte ihn für Klavierstunden engagieren! Während Sarper die Geschichte seines unerwarteten Erfolgs erzählte, spielte er ein Lied auf dem Keyboard, während Pianist Cat ihm sanft das Gesicht abschleckte: »Er ist mein geliebtes Kind. Ich mag ihn so sehr.«

Dank der Unterstützung seiner Online-Community kann Sarper sowohl die Schönheit als auch den Kampf der Istanbuler Katzen zeigen und Mittel beschaffen, die es ihm ermöglichen, Hunderte von Katzen mit medizinischen Problemen zu retten: »Meine Katze hat mir diese Chance gegeben, also möchte ich allen Katzen eine Chance geben«, sagt er. »Was ist der Unterschied zwischen meiner Katze und den Katzen auf der Straße? Alle empfinden Liebe, Angst und Schmerz und alle haben das beste Leben verdient.«

»Ich will nicht denken, dass es keine Hoffnung gibt. Es gibt immer Hoffnung«, sagte Sarper.

IZMIR

Eine der am besten erhaltenen archäologischen Stätten im Mittelmeerraum ist Ephesus, einst ein Zentrum von Kultur und Handel. Heute dienen die faszinierenden Ruinen sowohl als historische Sehenswürdigkeit als auch als riesiger Spielplatz für die paar Dutzend Katzen, die hier zu Hause sind.

»Die Katzen von Ephesus sind berühmt«, sagte ein Reiseleiter. Die halbkreisförmigen Theater, einst Schauplätze dramatischer Aufführungen, sind heute Bühnen für charismatische Katzen, die von Touristen mit Applaus gefeiert werden. Vor der beeindruckenden Fassade der Celsus-Bibliothek mit ihren hohen Säulen räkeln sich getigerte Katzen auf den kunstvoll behauenen Steinen

Nur eine kurze Autofahrt entfernt liegt ein modernes Tierheim, das Tieren

aller Art Schutz bietet – von Eseln und Kühen bis hin zu Katzen und Hunden. »Wir tun unser Bestes, um die zu retten, die niemand sieht, die niemand will«, sagt Figen Akgül von Angels Farm Sanctuary, wo Hunderte von Katzen nun in Frieden leben.

Eine weiß-braune Katze namens Halime strich an den Beinen eines geretteten Kamels namens Güllü vorbei, das die Zuneigung mit einem sanften Schnuppern erwiderte. »Alle Katzen sind mit den anderen Tieren befreundet«, sagt Figen, die hofft, dass ihre Farm andere dazu inspiriert, den Wert aller Lebewesen zu sehen. »Die Freundschaft zwischen Tieren sollte uns ein Vorbild sein.«

SPANIEN

OFFIZIELLE SPRACHE: Spanisch

KATZE: Gato

MADRID

Preta, eine seidige schwarze Katze, lebt bei Libros para un Mundo Mejor.

»Warum nennt man die Madrilenen *gatos*?« Diese Frage haben wir während unseres Aufenthalts in der schönen spanischen Hauptstadt vielen Leuten gestellt, aber nur wenige wissen, warum.

»Vielleicht liegt es daran, dass wir frech wie Katzen sind«, lachte einer. »Wir sind unabhängig und gehen gerne nachts aus«, vermutete ein anderer. »Wahrscheinlich liegt es daran, dass wir eine schöne Siesta genießen«, scherzte ein Dritter. Aber ein Einheimischer wusste die richtige Antwort: »Im Mittelalter kletterte ein Soldat aus Madrid auf eine Mauer, um die Stadt für sich zu beanspruchen, und man sagte, er sähe aus wie ein *gato*.« Der Legende nach gab der König von Kastilien aus dem 11. Jahrhundert den Madrider Bürgern fortan den Namen *gato*.

Madrid, die bevölkerungsreichste Stadt Spaniens, hat prächtige historische Gebäude, außergewöhnliche Museen und ein pulsierendes Nachtleben zu bieten. Wenn Sie jedoch eine friedliche Oase abseits des Trubels suchen, sollten Sie den Parque del Buen Retiro besuchen, einen Park mit mehr als 15 000 Bäumen, zahllosen bunten Pfauen und ein paar Dutzend Katzen. Als wir über die schachbrettartigen Gehwege schlenderten, umgeben von gepflegten Büschen und Vögeln, die ihre schillernden Federn präsentierten, fühlte ich mich, als wäre ich in einem Wunderland.

Hinter einem verschnörkelten Metalltor liegt ein großer Bereich mit Gewächshäusern, in denen Katzen zwischen den farbenprächtig blühenden Pflanzen leben: »Im Gewächshaus ist es wie in den Tropen. Es ist ein schöner Ort, um warm zu bleiben«, sagt ein Freiwilliger.

Früher war der Park von über 450 Katzen bevölkert, heute ist er ein ruhiger Rückzugsort für viel weniger Tiere – dank des ehrenamtlichen Engagements der Asociación de Amigos de los Gatos del Retiro. Mit strengen Tierschutzgesetzen, staatlich finanzierten Sterilisationsprogrammen und engagierten Bürgern, die einen speziellen Ausweis erhalten, der ihnen die Arbeit mit den Katzen erlaubt, funktioniert die öffentlich-private Partnerschaft zum Vorteil aller.

Ein neues landesweites Gesetz erkennt Katzen und Hunde nun sogar offiziell als Familienmitglieder an. »Früher haben sich Paare bei einer Trennung über Mikrowelle, Sofa und Katze gestritten – ja, die Katze galt als Sache«, erklärt der lokale Katzenschützer David San Martín. »Heute ist eine Katze wie ein Kind. Entweder man einigt sich auf ein Umgangsmodell oder man geht zum Anwalt.«

Strenge Gesetze bilden zwar eine Grundlage, doch es sind die Bürger, die tagtäglich helfen, und David sagt, dass er manchmal sogar über das Gesetz hinausgehen muss, um einer Katze in Not zu helfen: »Vor Kurzem hatte ein Mann ein Kätzchen im Motorraum und wollte mir keinen Zugang gewähren. Also habe ich die Scheibe eingeschlagen und das Kätzchen gerettet. Jetzt muss ich eine Geldstrafe zahlen, aber wenigstens ist das Kätzchen in Sicherheit!« Am selben Tag erhielt er einen Hilferuf für ein anderes Kätzchen, das in einem Motor feststeckte, und fuhr mit seinen Helfern zum Standort des Autos.

Laute Schreie unter der Motorhaube des geparkten Fahrzeugs deuteten darauf hin, dass ein Kätzchen in Not war. Die Freiwilligen wickelten das Auto schnell in ein großes Netz ein – eine Strategie, die sie entdeckt hatten, nachdem sie häufig zu solchen Notfällen gerufen wurden. Nach langem Zureden kletterte das Kätzchen aus dem Motorraum und lief in das Netz. »*Es una niña!*«, lächelte die Freiwillige Loreto und verkündete, dass es sich um ein weibliches Kätzchen handelte, bevor sie es in einen Transportbox steckte und zu einer Pflegestelle brachte.

In Madrid gibt es viele Organisationen, die sich der Katzenhilfe verschrieben haben, und die

Die kostenlosen Sterilisationsdienste von Madrid ermöglichen es Freiwilligen, Kolonien in der ganzen Stadt zu helfen.

»Die Katzen erinnern sich, dass du ihnen geholfen hast«, sagte Eva.

Zusammenarbeit zwischen ihnen ist entscheidend. Im La Gatoteca, einem Katzencafé, bekommen Katzen aus dem Tierheim eine Bühne, um potenzielle Adoptiveltern anzulocken: »Wenn wir ins Tierheim gehen, sind sie so verängstigt und hassen Menschen – und jetzt sieh sie dir an. Sie sind gesellig, liebevoll und spielen«, sagt die Besitzerin Eva Aznar, die optimistisch ist: »Wir haben fünf Millionen Menschen in Madrid, also hoffe ich, dass uns nie die Adoptiveltern ausgehen.«

Für Madrids Katzen sieht die Zukunft dank der fleißigen menschlichen *gatos*, die sich für sie einsetzen, rosig aus. »Ich möchte den Menschen zeigen, dass man nicht auf eine große Organisation warten muss …«, sagt Veronica, eine Frau aus der Gegend, die in ihrer Nachbarschaft die Katzen pflegt und sterilisieren lässt. »Man kann auch kleine Dinge tun, einfach als Nachbar, um etwas zu bewirken.«

Bei La Asociación para la Liberación y el Bienestar Animal werben die Katzen für die Sterilisation und zeigen ihre Ohrkerben, die sogenannten *muescas*.

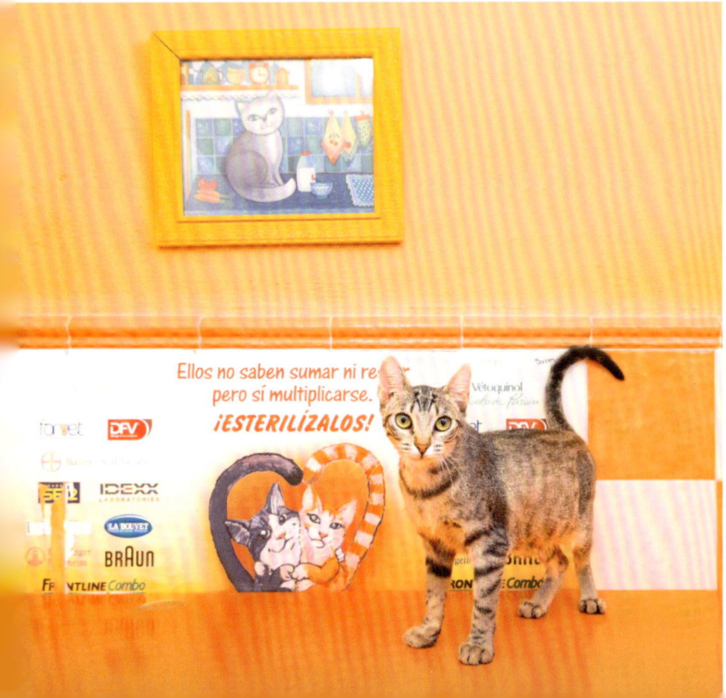

OFFIZIELLE SPRACHE: Englisch

KATZE: Cat

AUSTRALIEN

MELBOURNE

Millionen Jahre der Evolution in einer isolierten Umgebung haben in Australien zu einer ausgeprägten einheimischen Wildtierpopulation geführt. Die britische Kolonisierung im späten 18. Jahrhundert brachte viele Bedrohungen für die Wildtiere mit sich, wie den Verlust von Lebensräumen, die Jagd und die nicht einheimischen Arten. Katzen sind heute Gegenstand einer heftig geführten Debatte unter Tierfreunden: Wie soll mit den rund sechs Millionen Tieren umgegangen werden, die heute in Australien leben?

Wir trafen uns mit Amber Nadinic, einer engagierten Betreuerin von verwaisten Tierbabys wie Kängurus, Wombats, Opossums und - ja – sogar Kätzchen! »Ich hatte schon unzählige Katzen«, sagte sie. »Es ist unsere Verantwortung, uns um die Katzen zu kümmern. Aber wir sollten sie einfangen und sterilisieren lassen, nicht vergiften. Das Gift ist furchtbar und hat Auswirkungen auf die Wombats, die Kängurus und alle anderen. Der größte Irrglaube ist, dass Katzen die größte Bedrohung für die Tierwelt sind, die Menschen verursachen die Probleme.«

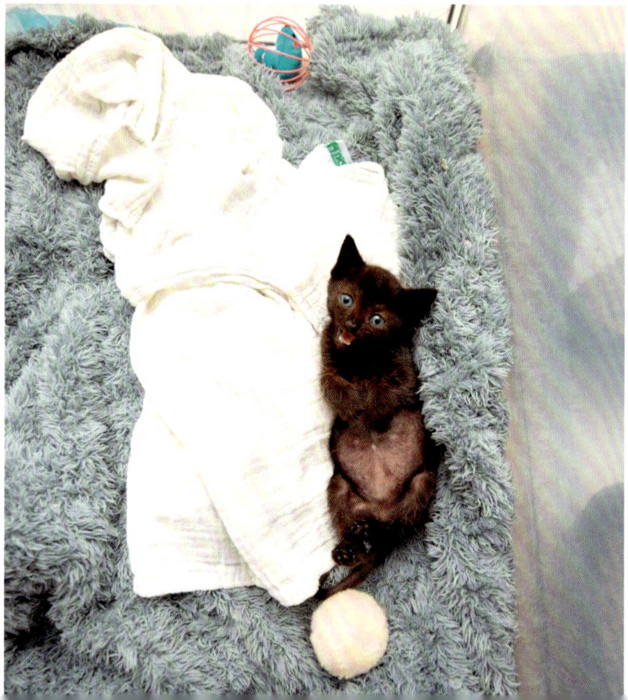

Um Wildtiere zu schützen, hat die australische Regierung das Einfangen, Sterilisieren und Zurückbringen (TNR) verboten. Amber ist jedoch der Meinung, dass diese Politik nur dazu führt, dass noch mehr Kätzchen im Freien geboren werden: »Ich bekomme ständig Anfragen, ob ich Kätzchen helfen kann, die in den Vorstädten gefunden wurden. Man kann nur hoffen, dass sich die Situation mit der Zeit bessert, aber ohne Sterilisationen wird es nicht aufhören.« Ich fragte, wie viele kleine Kätzchen sie in ihrem Wohnzimmer betreue, und sie scherzte: »Ich möchte lieber nicht zählen!«

Ähnlich äußerten sich die Mitarbeiter eines städtischen Tierheims: »Es kommen mehr Katzen zu uns, als wir aufnehmen können. Allein heute hatten wir 20 Katzen. Die meisten sind gesund und müssen nicht behandelt werden, aber sie sind hier«, seufzte ein Tierheimmitarbeiter, der anonym bleiben wollte, und fügte hinzu: »Der große Irrglaube ist, dass Katzen, wenn man sie frei herumlaufen lässt, den Wildtieren schaden werden. Aber sie streifen bereits draußen umher, und wenn man sie nicht daran hindert, sich zu vermehren, gibt es einfach immer mehr von ihnen.«

»Die Tatsache, dass im Busch einheimische Wildtiere leben, wird leider als Vorwand für die Tötung von Tausenden von Katzen in dicht besiedelten Gebieten benutzt, in denen es keine bedrohten Arten gibt«, sagte Nell Thompson, eine Beraterin für Tiermanagement, die mit Tierheimen in ganz Australien zusammenarbeitet, um die Euthanasie zu verringern. Es gibt sehr große Populationen von halb verwilderten, städtischen Straßenkatzen, die von diesen Gesetzen betroffen sind.

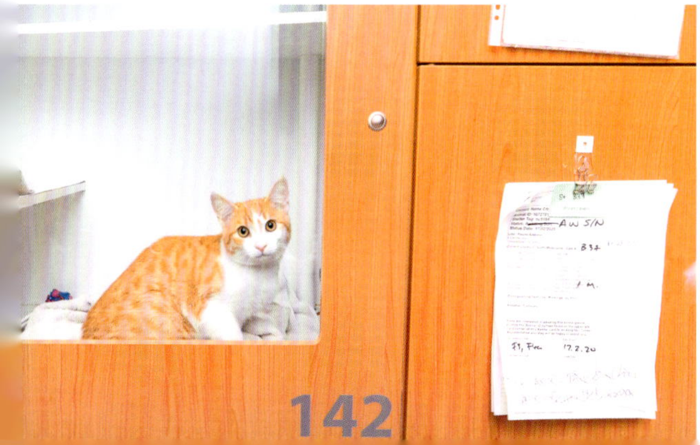

Für umherstreifende Katzen in Australien kommt es ganz darauf an, wo sie landen. Wir trafen einen scheuen orangefarbenen Kater namens Bob, der in einem Vorort von Melbourne lebt: »Bob hat den Weg hierher gefunden. Er war sehr abgemagert. Armer Kerl, man kann ihn doch nicht verhungern lassen!«, sagte Bobs Pflegerin, die sich weigerte, ihn der Gemeinde zu melden und sich dafür entschied, ihn sterilisieren zu lassen: »Es ist teuer, aber was solls? Ich will hier nicht 100 kleine Katzen haben.«

Ein Stück weiter stießen wir auf ein privates Flugfeld, auf dem Fergus, ein flauschiger Kater, frei herumläuft. Fergus' langes Fell wehte im Wind, als er vor einem kleinen Flugzeughangar wie ein Supermodel posierte. »Wir brauchen mehr Plätze wie diesen auf Bauernhöfen oder Gewerbegrundstücken«, sagte Nell. »Wenn wir all diese Katzen einfangen wollen, brauchen wir eine andere Lösung als den Tod. An so vielen Arbeitsplätzen könnte eine Katze leben, genau wie hier.«

Laut Gesetz müssen alle Katzen in Australien einen Mikrochip haben und registriert sein, egal ob sie im Haus leben oder in der Nachbarschaft umherstreifen. »Wenn eine Katze draußen nicht gechipt oder registriert ist, kommt sie ins Tierheim«, erklärt Karen, eine Friseurin, deren Kater $prinkles sie jeden Tag in den Salon begleitet. »Er hat sich das Dollarzeichen in seinem Namen verdient, weil ich beim Tierarzt schon ein Vermögen für ihn gelassen habe«, lacht Karen. »Er hat einen Mikrochip, aber er bleibt ganz drinnen. Er ist unser Staubwedel.«

Da so viele Katzen in Tierheimen abgegeben werden, ist es wichtig, die Zahl der Adoptionen zu erhöhen. Dies ist das Ziel von PetRescue, einer nationalen Wohltätigkeitsorganisation, die Interessenten mit bedürftigen Tieren in ganz Australien zusammenbringt. In ihrem Haus in einem Vorort trafen wir uns mit der Geschäftsführerin von PetRescue, Vix Davy, einer Strategin mit einem Händchen dafür, Lösungen für große Probleme zu finden. Sie erzählte, dass die Mehrheit der Katzen in Australien von städtischen Streunern geboren wird, nicht von Hauskatzen – aber dass die derzeitige Politik es unmöglich macht, diese wuchernden Populationen zu sterilisieren.

Doch trotz der Spannungen, die in Australien mit frei laufenden Katzen verbunden sind, ist Vix eine überzeugte Verfechterin der Auslaufmöglichkeiten für ihre Katzen. Eine gläserne Katzentür in ihrem Fenster ist tagsüber offen, und ihre Katzen sind darauf trainiert, zum Abendessen zurückzukehren. »Dies ist ein eher traditionelles Viertel, und die Leute hier würden nicht im Traum daran denken, ihre Katzen drinnen zu halten«, sagt Vix. In den meisten Städten Victorias gibt es Ausgangssperren für Katzen, die verhindern sollen, dass sie abends herumstreunen, und einige Städte beginnen damit, Vorschriften zu erlassen und drohen mit hohen Geldstrafen.

»Ich denke an meine Kinder und dass sie wahrscheinlich sicherer wären, wenn ich sie nie aus dem Haus ließe ... Aber ich denke, das könnte sich auf ihre geistige Gesundheit auswirken. Wenn wir versuchen, sie zu beschützen, schränken wir damit nicht ihr natürliches Leben ein?« Wir sahen zu, wie ihre Katzen Kofi und Felix auf Bäume kletterten und sich im Gras wälzten. In diesem Moment verstand ich die schwierige Situation der australischen Katzenretter: Die zahlreichen Gesetze, die die Bewegungsfreiheit von Katzen regeln und das Einfangen, Sterilisieren und Zurückbringen verbieten, die weit verbreitete Freigangspraxis und der Ausrottungsplan der Regierung – all das führt zu einem enormen Druck auf das ohnehin überlastete Tierheimsystem.

Wie viele andere ist auch Vix der Meinung, dass der beste Ansatz zur Lösung der Krise darin besteht, die Sterilisation von städtischen Streunern zu unterstützen. »Wir müssen aufhören, Dinge zu tun, weil sie richtig klingen, und anfangen, Dinge zu tun, weil sie richtig sind.«

Old World
25

ITALIEN

OFFIZIELLE SPRACHE: Italienisch

KATZE: Gatto

ROM

Nicht nur Touristen und Geschichtsinteressierte strömen in der italienische Hauptstadt zu den historischen Stätten, Gotteshäusern und archäologischen Überresten: Auch die Katzen von Rom lieben die ruhigen und weitläufigen Ruinen mit Schatten, vielen Plätzen zum Klettern und gerade genug Nähe zum Menschen, um ihren Bedürfnissen gerecht zu werden.

Unser erster Halt war die Piramide Cestia, eine Pyramide aus weißem Marmor, die zwischen 18 und 12 v. Chr. erbaut wurde und sowohl das Grab des Caius Cestius als auch das Zuhause mehrerer freundlicher Katzen ist. Wir bewunderten die Schönheit der Katzen, die sich um die ikonische Pyramide herumtummelten, und gingen dann nur wenige Schritte weiter zum nicht katholischen Friedhof, wo noch mehr Katzen auf den Gräbern unter einem dichten Baldachin aus mediterranen Zypressen herumlungerten. Der makellos gestaltete Friedhof ist die Ruhestätte berühmter Dichter wie John Keats und Percy

Bysshe Shelley. Versteckt in den Hügeln finden Sie die Gatti della Piramide, eine Gruppe von Freiwilligen, die sich um alle Katzen kümmern, die zwischen den beiden Stätten leben.

Unser nächster Halt war der Largo di Torre Argentina, eine große archäologische Ruine im Zentrum der Stadt, die sowohl als Ort der Ermordung von Julius Cäsar als auch als Sitz der Katzenauffangstation Torre Argentina bekannt ist. Wir lehnten uns über das Geländer auf der Straße und

blickten auf den großen Platz hinunter, wo hohe Säulen die Standorte von Tempeln aus dem 3. Jh. v. Chr. markieren. Obwohl Teile des Geländes für Menschen tabu sind, dürfen dort Dutzende von Katzen leben.

Wir stiegen hinunter, um das unter dem Bürgersteig verborgene Katzenasyl zu betreten. Drinnen werden Katzen von Freiwilligen medizinisch betreut; draußen laufen nicht sozialisierte Katzen frei in den Ruinen herum. »Den verwilderten Katzen gefällt es hier, weil kein Mensch die Erlaubnis hat, den heiligen Bereich zu betreten«, erklärt Laura, die sich seit der Gründung des Tierheims ehrenamtlich um die Katzen kümmert. »Es ist also sehr ruhig, und sie leben hier ungestört.«

Decimo ruht auf alten Ruinen unterhalb der Straße im Torre Argentina Cat Sanctuary.

»Am Anfang waren wir Hausbesetzer«, sagt Laura über die Anfänge der Organisation. »In den 1990ern wollte die Stadtverwaltung uns nicht hier haben, aber es wurden Petitionen gestartet, weil das hier sehr beliebt ist. Als wir anfingen, lebten 500 Katzen in den Ruinen. Also bekamen wir die Erlaubnis zu bleiben; sie mussten erkennen, wie sehr wir geholfen haben.«

Das Hauptaugenmerk des Programms liegt auf der Sterilisation der Straßenkatzen von Rom. Seit seiner Gründung wurden dank des Tierheims mehr als 80 000 Katzen sterilisiert – eine tiefgreifende Wirkung, die nicht alle Gemeindemitglieder verstehen. »Wir müssen gegen kulturelle Vorurteile ankämpfen, um zu erklären, dass die Sterilisation eine gute Sache ist«, sagt Laura. »Wir müssen den Menschen helfen zu verstehen, dass es darum geht, die Vermehrung zu stoppen.«

Förderer können die Pflege von blinden Katzen wie Cesan, Donatella und Feola durch das »Adoption aus der Ferne«-Programm unterstützen.

Nach einem Spaziergang kehrten wir zum Mittagessen im Romeow Cat Bistrot ein – einem Restaurant, in dem uns sechs freundliche Katzen bei einem wunderschön angerichteten italienischen Menü Gesellschaft leisteten, von hausgemachten Ravioli bis hin zu einer veganen Käseplatte. »Die Katzen sind hier die wahren Besitzer«, lachte Valentina de Matteis. Solch feines, köstliches Essen zwischen geretteten Katzen zu genießen, war eine absolute Freude.

»Die Italiener mögen oft kein veganes Essen, aber wegen der Katzen kommen sie und sagen: ›Wow, veganes Essen ist gut!‹«, sagt Valentina.

LOVE
ANTIPASTI

CAT BISTROT
LOVE

In Ostia Antica, einer großen archäologischen Ausgrabungsstätte an der Küste, spazierten wir lange durch die Überreste der antiken römischen Hafenstadt, in der im 2. Jh. n. Chr. mehr als 100000 Einwohner lebten. Heute ist sie unbewohnt, abgesehen von zwei Dutzend Katzen, die in einem Labyrinth aus bröckelnden Backsteingebäuden Unterschlupf gefunden haben. Scheue Katzen flohen durch Löcher in den Wänden, während selbstbewusste Katzen auf verwitterte Artefakte sprangen, um sich streicheln zu lassen. Jeden Tag kommen Freiwillige, die sich um die Kolonie kümmern.

Außerhalb des archäologischen Geländes lebt eine kleine Gruppe geretteter Katzen in einem Hof hinter dem Castello di Giulio II, einem Schloss aus der Renaissance, das im 15. Jahrhundert zur

Giusetto genießt seinen Fensterblick auf das Schloss. Sein Name bedeutet »kleines Kreidestück«.

»Als Kim hierher kam, war sie sehr dünn, und jetzt ... ist sie etwas pummeliger«, sagte Mary über die Calico-Katze.

Bewachung des Tiberhafens erbaut wurde.»Ich lebe seit 32 Jahren hier«, sagt Mary, eine Katzenliebhaberin, die gegenüber dem Schloss wohnt. »Während dieser Zeit habe ich für über 100 Katzen ein Zuhause gefunden.«

Es gibt nur wenige Menschen, die die örtlichen Katzen besser kennen als Daniele, ein erfolgreicher Fallensteller, der sein Leben seit

fast 30 Jahren der Hilfe für die Straßenkatzen Roms widmet. Jede Nacht fährt er durch die Stadt und kümmert sich um die in den Ruinen lebenden Katzen. »In Italien werden seit 1991 keine Katzen mehr getötet, deshalb müssen wir uns auf die Sterilisation konzentrieren«, sagt Daniele, »denn wenn es keine Tötung und keine Sterilisation gibt ... boom. Explosion.«

Wir folgten Daniele durch das Gelände eines Klosters mit Blick auf das Kolosseum – einen von vielen Orten, an denen er Katzen füttert. »Früher gab es Dutzende von Katzen am Kolosseum, und jetzt sind die Leute enttäuscht, weil wir sie alle eingefangen haben«, sagte Daniele. »Die Leute wollen Katzen auf der Straße sehen und sie streicheln. Aber sie brauchen keine Streicheleinheiten, sondern Futter und Impfungen. Es gibt eine tiefe Verbundenheit zwischen Römern und Katzen«, fuhr er fort. »In gewisser Weise sind sie Teil der Kultur Roms. Aber sie leiden, sie brauchen Pflege. Glücklicherweise hat sich die Situation in den letzten 20 Jahren so stark verbessert, dass man nicht mehr so viele Streuner sieht.« An jeder Stätte, die wir in Rom besuchten, bestaunten Andrew und ich die Schönheit und Bedeutung der Orte, an denen Katzen frei leben. »Katzen interessieren sich nicht für die römische Geschichte«, lachte Daniele. »Wenn sie nur wüssten.«

Daniele kuschelt mit Elsa, einer seiner Lieblingskatzen der Kolonie.

Eine Katze blickt auf das Forum Romanum, den Regierungssitz des Römischen Reichs.

Beim Kolosseum lugt eine Katze aus dem Zaun um die Elagabalus-Thermen hervor.

KENNEDY
KENNEDY

PERU

OFFIZIELLE SPRACHE: Spanisch, Quechua und Aymara

KATZE: Gato (Spanisch), Michi (Quechua), Phisi (Aymara)

LIMA

Blumen säumen die Gehwege des Kennedy-Parks im Herzen von Miraflores. Der Park ist nicht nur für seine üppige Bepflanzung, die Straßenstände und die kulturellen Festivals bekannt – sondern auch für seine vielen Katzen! Überall sind spitze Ohren zu entdecken, die aus den Blumenbeeten herausschauen. Doch hinter dem vermeintlichen Idyll der Katzen im Park verbirgt sich eine tiefere Geschichte.

»Nichts ist so, wie es scheint. Ja, es ist schön, einen Katzenpark zu haben, aber hier werden ständig Katzen ausgesetzt«, erklärt Alejandra Velasquez, Programmdirektorin der Organisation Adoptamiu. »Ursprünglich gab es im Park viele Ratten. In den 1990er-Jahren wurden Katzen eingeführt, aber dann explodierte die Population. Jetzt ist der Park so berühmt, dass Leute, die nicht wissen, was sie mit ihren Katzen machen sollen, sie einfach dort aussetzen.«

»Als ich aufwuchs, wusste ich nicht, was es heißt, Katzen verantwortungsvoll zu halten. Ich glaube, die jüngere Generation kann diese Themen heute dank der sozialen Medien viel flexibler kommunizieren«, sagt Santiago Chávez, Mitbegründer von Adoptamiu. Die Organisation klärt neben Einzelpersonen und Nichtregierungsorganisationen auch Regierungsstellen auf: »Die Stadtverwaltung von Miraflores hat uns um Rat gebeten. Wir sagten ihnen, dass sie, wenn sie es wirklich ernst meinen, mehr tun sollten, als nur darüber aufzuklären, dass man Katzen nicht aussetzen darf – sie sollten Sterilisationsprogramme fördern.«

Die Gruppe ist davon überzeugt, dass die Sterilisation für die Straßenkatzen von Lima unerlässlich ist, auch wenn die öffentliche Meinung zu diesem Thema geteilt ist: »Ein eher armes Land hat viele alte Denkmuster«, sagt Alejandra, die einem frisch sterilisierten Kätzchen einen Body überstreift, um die Operationsstelle zu schützen. »Menschen nehmen nur so viel wahr, wie es ihr Weltbild zulässt. Aber zum Glück ändert sich gerade sehr viel.«

Ein Kätzchen in Lima trägt nach der Sterilisation einen *faja* – einen Schutzanzug.

Wir machten uns auf den Weg zu einer Konferenz mit dem Schwerpunkt Katzen, zu der ich eingeladen worden war, um einen Kurs zur Pflege von Katzenbabys zu geben, und bei der sich engagierte Katzenfreunde jeden Alters trafen, um Strategien zu entwickeln und Ideen auszutauschen. Dank einer wachsenden und aktiven Gemeinschaft von mitfühlenden Aktivisten sieht die Zukunft immer hoffnungsvoller aus – für die Katzen in den Blumenbeeten und darüber hinaus.

MADRE DE DIOS

Der Amazonas-Regenwald ist einer der artenreichsten Orte der Erde und beherbergt eine außergewöhnliche Vielfalt an Tierarten, darunter Wasserschweine, Riesenameisenbären, Tukane, Pfeilgiftfrösche, Anakondas, Affen und viele mehr. In der ökologisch reichen Region des Manú-Nationalparks leben auch heimische Wildkatzen wie Jaguare, Pumas und Ozelots – Hauskatzen hingegen wird man dort kaum antreffen. Doch tief in der abgelegenen Region Shintuya, die nur per Boot und zu Fuß erreichbar ist und vom indigenen Volk der Harakmbut bewohnt wird, sorgt eine kleine Katze für Erstaunen: Sie ist auf geheimnisvolle Weise an der heißen Quelle aufgetaucht – und geblieben.

CUSCO

Der Name Cusco leitet sich von dem Wort für »Zentrum« aus der Quechua-Sprache ab und zeigt die zentrale Rolle der Stadt als eine der ältesten Städte Amerikas und als Hauptstadt des Inkareichs, ein Erbe, das in den zahlreichen archäologischen Stätten erhalten ist. Vor der spanischen Kolonisierung lebten dort ausschließlich Wildkatzen – aber das 16. Jahrhundert brachte immense Veränderungen für die Region, einschließlich der Einführung von Hauskatzen.

Im heutigen Cusco kann man viele Katzen und Hunde auf den Straßen sehen, vor allem auf den Märkten, wo frisches Fleisch und Gemüse verkauft werden. Hunde sind leicht zu entdecken, aber Katzen sind zurückhaltender und beobachten das geschäftige Treiben lieber aus stillen Ecken.

Als wir uns einem Restaurant näherten, in dem vegetarische peruanische Küche serviert wird, schlich eine Katze auf leisen Pfoten an uns vorbei, um aus einer Schüssel Trocken-

futter zu fressen. »Wann immer wir die Möglichkeit haben, einem Tier zu helfen, tun wir alles, was wir können«, erklärte die Mitinhaberin, die sich als Cat vorstellte. Zusammen mit ihrem Ehemann, dem Chefkoch, hat das ungewöhnliche Paar über 100 Tiere gerettet.

Cusco liegt im peruanischen Hochland und ist das Tor zu Machu Picchu. Nachdem wir die atemberaubende Aussicht auf die »Verlorene Stadt der Inkas« genossen hatten, machten wir uns auf den Weg zum Bahnhof, als wir plötzlich durch das leise, verzweifelte Miauen eines abgemagerten Kätzchens alarmiert wurden.

Es blieb nur wenig Zeit bis zu Abfahrt des Zugs und wir mussten uns entscheiden: das dürre, von Flöhen geplagte Baby zurücklassen oder es mitnehmen. Ehe wir uns versahen, saß ich mit einem unter meinem Pullover versteckten Katzenbaby im Zugabteil und überlegte den nächsten Schritt. Ein kurzer Besuch beim Tierarzt bescherte uns eine flugzeugtaugliche Transportbox und alle nötigen Papiere, um das Kätzchen mit in die USA zu nehmen, wo es zu einer gesunden Hauskatze heranwuchs! Zu Ehren ihrer Herkunft gaben wir ihr den Namen Munay Michi – der Quechua-Begriff für eine Katze, die geliebt wird.

NNLAND

OFFIZIELLE SPRACHE: Finnisch und Schwedisch

KATZE: Kissa (Finnisch), Katt (Schwedisch)

HELSINKI

An einem grauen Tag in Helsinki näherten wir uns dem Senatsplatz, auf dem sich einige der ältesten und berühmtesten Gebäude der Stadt befinden, darunter der Regierungspalast und der Dom von Helsinki. »Halten Sie Ausschau nach einem gelben Regenmantel«, hatte uns Kati, eine Einheimische, die wir gleich treffen sollten, gesagt. Als ich zu den steilen Stufen hinaufsah, die zur Kathedrale führten, entfuhr mir ein überraschter Laut – denn es war nicht Kati, die eine knallgelbe Jacke trug, sondern Dali. Der vier Jahre alte schwarze Kater, den sie von einem Bauernhof mitgebracht hatte, begleitet sie seit seiner Zeit als kleines Kätzchen auf Ausflügen. »Es ist sehr beliebt, in Helsinki eine Katze zu haben, aber die Leute sind überrascht, ihn draußen zu sehen. Er liebt es, nach draußen zu gehen, vor allem in den Wald«, erzählte sie. Dali war sogar schon mit ihr auf Campingreisen bis nach Schweden und Norwegen. An der Leine wirkte er bemerkenswert entspannt und zufrieden. Er war sogar auf ihre Stimme trainiert nd setzte sich sofort hin, als sie sanft *»Istu«* sagte.

In der Hauptstadt ist es unwahrscheinlich, Katzen im Freien ohne Leine zu sehen. Mari Aro, Leiterin des größten Tierheims von Helsinki, Helsingin eläinsuojeluyhdistys (HESY ry), erklärt: »Wegen des Klimas gibt es hier fast keine frei lebenden Katzen, da sie ohne menschliche Hilfe den Winter nicht überleben würden.« Die wenigen Straßenkatzen, die Hilfe benötigen, werden daher im Tierheim individuell versorgt und erstklassig untergebracht.

»Mit Hunden kommt er gut zurecht, aber andere Katzen mag er nicht – er hat ein zu großes Ego«, scherzt Kati.

Bei HESY ry gingen wir durch ein Labyrinth von großen, modernen Suiten. Jeder Katzengruppe steht ein geräumiges, acht Quadratmeter großes Zimmer zur Verfügung, das mit bequemen Möbeln und hohen Kratzbäumen ausgestattet ist. »Das ist schöner als manche Wohnung«, staunte ich, als wir durch die Flure gingen. Bemerkenswerterweise waren einige Zimmer sogar leer; in Helsinki gibt es oft doppelt so viele Adoptionsinteressenten wie Katzen! Ich fand es unglaublich zu sehen, was alles möglich ist, wenn Katzenretter nicht unter Platzmangel leiden oder unter Zeitdruck stehen: Kätzchen bleiben 14 Wochen bei ihren Müttern, Pflegestellen werden nicht benötigt, und selbst die Bewerbungsverfahren für eine Adoption sind länger und gründlicher, um sicherzustellen, dass die Katzen ein ideales Zuhause finden.

Wer die Gesellschaft von Katzen sucht, hat im Helkatti die Gelegenheit zum Kuscheln und Spielen mit freundlichen Samtpfoten. Das Helkatti ist mehr als ein Katzencafé, es ist ein Ort, an dem man Cocktails und einheimische Gerichte genießt, während ein kuscheliger Gefährte auf dem Schoß liegt. Bunte Aufstriche begleiten herzhaftes Roggenbrot, das die Katzen gerne von Ihrem Teller stibitze, wenn Sie wegschauen!

Besonders an Helkatti ist, dass es einer der wenigen Orte auf der Welt ist, an dem man eine Übernachtung mit Katzen buchen kann: »Während der

Pandemie bot die finnische Regierung Unternehmen mit einzigartigen Ideen finanzielle Unterstützung an. Also dachte ich mir, warum nicht Helkatti in ein kleines Hotel verwandeln«, so die Geschäftsinhaberin Tiina Aaltonen. Als die letzten Gäste gegangen waren, richtete sie im Café ein Bett her, sodass wir den Raum ganz für uns allein genießen konnten – abgesehen von dem Dutzend Katzen, die sich mit uns auf dem Bett tummelten. Nach einem kühlen Tag in der Stadt hätte es nichts Gemütlicheres geben können, als mit vollen Bäuchen unter der Decke zu liegen und zu Jazzmusik und schnurrendem Surround-Sound einzuschlafen.

TANSANIA

OFFIZIELLE SPRACHE: Suaheli und Englisch

KATZE: Paka (Suaheli)

Eine Katze posiert vor dem alten Fort,
das 1699 erbaut wurde.

SANSIBAR

Es ist unmöglich, sich nicht in Sansibar zu verlieben, wo das Wasser warm ist und die Menschen herzlich sind. »Sansibar hatte schon immer den Ruf, sehr gastfreundlich zu sein«, erklärt der einheimische Tierschützer Mussawir Hassan. »Wenn du ohne etwas hierher kommst, helfen dir die Menschen mit einem Platz zum Übernachten und etwas zu essen.

Deshalb sind auch die Katzen hier meist zutraulich, weil die Menschen freundlich zu ihnen sind.« In Stone Town, einem Juwel an der Küste, fühlten wir uns, umgeben von so viel Gastfreundschaft für Menschen und Katzen, sofort willkommen.

Das Zusammenleben mit Katzen ist ein fester Bestandteil des sansibarischen Lebens. Wenn die Sonne hoch steht, legen sich schläfrige Katzen vor die ikonischen Holztüren der Insel und dösen im Schatten von Verkaufswagen, die Früchte und Cashewnüsse anbieten. Passanten achten darauf, die Katzen nicht zu stören, und gehen vorsichtig an ihnen vorbei, während sie sich ausruhen.

Wenn die Katzen am Nachmittag erwachen, erwacht auch ihr Appetit! Der abendliche Streetfoodmarkt in den Forodhani-Gärten lockt mit lokalen Spezialitäten wie frisch gepresstem Zuckerrohrsaft und sansibarischer Pizza, aber das üppige Angebot an brutzelnden Meeresfrüchten lockt

auch viele Katzen an, die sich dem nächtlichen gesellschaftlichen Treiben anschließen. Die meisten Katzen Sansibars haben kein eigenes Zuhause. Wie viele Einheimische erklären, ist die Nachbarschaft ihre Adoptivfamilie. In jeder Straße spenden die Menschen, was sie können: Milch, Brot oder Fischreste. Auf einer Betontreppe verteilte ein freundlicher Mann eine Handvoll getrockneten Fisch auf einem Blatt Zeitungspapier, um die Katzenkolonie der Umgebung zu füttern.

Bei so vielen potenziellen Bezugspersonen scheinen Sansibars Katzen gelernt zu haben, ihren Willen durch lautes Miauen durchzusetzen. Auf dem Fischmarkt hallte ein heiseres Jaulen durch das Gebäude, als eine temperamentvolle Katze erfolgreich Stücke ihrer Lieblingsmeeresfrüchte forderte.

Unten auf der Straße sprang eine Kätzin auf ein Motorrad und miaute uns unaufhörlich an, um Aufmerksamkeit und Leckereien zu bekommen. Ein Mann trat aus einer gelben Moschee, schüttelte den Kopf und lachte mit einem wissenden Blick; er ist einer der vielen Einheimischen, die sich um sie kümmern.

»Hat sie einen Namen?«, fragte ich. »Ihr Name ist George Bush«, antwortete er mit einem verschmitzten Lächeln.

Ich weiß nicht, was wir erwartet hatten ... aber das war es sicher nicht! Wir lachten alle, und George lief zu ihrem Begleiter, um sich streicheln zu lassen.

Der gemeinschaftsorientierte Ansatz in der Katzenversorgung bedeutet, dass es für die Katzen, denen die Tierschützer helfen, praktisch keine Vermittlungschancen gibt. Die britische Auswanderin Sarah Freeman gründete die einzige Auffangstation für Katzenbabys auf der Insel, Mama Paka, in der verwaiste und kranke Katzenbabys von der Straße aufgepäppelt werden. Sobald sie sich erholt haben, werden sie zurückgebracht, wo sie von der Gemeinschaft weiter versorgt werden können.

»Die Sansibaris lieben das. Wenn sie ein krankes Kätzchen finden, wollen sie es aufnehmen, es gesund pflegen und dann zurückbringen, wo es gefüttert und geliebt wird. Aber Besucher und Auswanderer verstehen das nicht.« Sarah tut ihr Bestes, um die Kätzchen nicht länger als drei Wochen zu pflegen, damit sie sich problemlos wieder an das Leben im Freien gewöhnen können.

»Touristen freuen sich darüber, dass wir den Kätzchen helfen, stimmt Mussawir zu, der eng mit Sarah zusammenarbeitet, »aber dass wir sie wieder zurückbringen, gefällt ihnen gar nicht.«

Wie bei jeder frei lebenden Katzenpopulation sind die unzähligen Kätzchen, die auf der Straße geboren werden, das größte Problem. Da die Ressourcen nicht ausreichen, um ihnen allen zu helfen, müssen die örtlichen Tierschützer kreativ werden. Sägespäne dienen als Katzenstreu, Fisch wird von örtlichen Restaurants gespendet, und Katzenmilch wird von Touristen aus Übersee erbeten. Die Ressourcen müssen sorgfältig auf die Bedürftigsten verteilt werden. Als wir mit Sarah und Mussawir spazieren gingen, trafen wir auf ein Kätzchen, desen Zustand zwar nicht ideal, aber auch nicht lebensbedrohlich war. Mussawir hob das Kätzchen hoch, untersuchte es und traf dann eine pragmatische Entscheidung: »Wir bringen es in eine andere Straße, wo ich weiß, dass es gut versorgt wird. Dort ist es besser aufgehoben.«

Mussawir und The Cookie Made of Peanut, eine seiner Lieblingskatzen.

Mussawir, einer der engagiertesten Tierschützer der Insel, ist überzeugt davon, dass die wirksamste Hilfe für Katzen darin besteht, sich um die Tiere in der eigenen Nachbarschaft zu kümmern und so viele wie möglich zu sterilisieren. »Wenn man den Krieg beenden will, muss man die Ursache bekämpfen«, sagte er mit Nachdruck. Nach Sonnenuntergang stellte er uns die Katzengruppe vor, die er vor seinem Haus betreut. Jede von ihnen hat ein markiertes Ohr, eine einzigartige Geschichte und einen lustigen Namen wie Happy Friday, Chillar Party oder The Cookie Made of Peanut. »Ich habe eine Schwäche für die Älteren«, sagte er, als er eine betagte Katze mit Schlappohren streichelte. »Die haben schon so viel erlebt und trotzdem sind sie noch da – mitten im Leben.«

DARESSALAM

Daressalam heißt auf Suaheli »Haus des Friedens« und tatsächlich ist die Stadt an der Küste des Indischen Ozeans von einer ruhigen Atmosphäre geprägt. Nach einem Spaziergang entlang der Msasani-Halbinsel machten wir uns auf den Weg zum größten Tierheim der Stadt, »Every Living Thing«.

»Ich konnte keinen Schritt machen, ohne auf ein Tier in Not zu stoßen. Ich rief meine Mutter an und sagte ihr, dass ich nicht nach Hause kommen würde«, so die Gründerin Brittany Hilton, die aus Kanada stammt. Zehn Jahre später hat ihre Organisation unzähligen Tieren auf einem großen Grundstück mit bunt gestrichenen Gebäuden Zuflucht gewährt: »Ich habe früher in vielen Tierheimen gearbeitet, aber das hat mich ausgelaugt. Also beschloss ich, dass mein eigenes Tierheim ein glücklicher Ort sein soll: keine Tiere in Käfigen, und sogar die Farben sollen glücklich machen«, sagte sie.

In einem riesigen Gehege, das mit handgefertigten Klettergerüsten ausgestattet ist, verteilten Freiwillige das Mittagessen an die Katzenbewohner. Doch die Beschaffung von Futter ist eine der größten Herausforderungen der Arbeit: »Tansania stellt nicht viele Produkte für Tiere her, also müssen wir kreativ werden«, erklärte Brittany und erzählte, dass ihr importiertes Katzenfutter oft am Hafen aufgehalten wird und sie die Nahrung mit Dagaa, kleinen getrockneten Fischen ergänzen, die in der ostafrikanischen Küche verwendet werden.

Mit einheimischen Mitarbeitern und Freiwilligen hat die Gemeinde die Mission von ganzem Herzen angenommen: »Jetzt haben die Menschen das Gefühl, dass sie etwas tun können, um zu helfen.«

MEXIKO

OFFIZIELLE SPRACHE: Spanisch

KATZE: Gato

BAJA CALIFORNIA

Es ist herrlich, den Morgen in Mexiko mit einer Tasse Café de Olla, einem Kaffee mit Zimt und Rohzucker, zu beginnen. Als wir in einem kleinen Familienrestaurant in Rosarito an dem süßen Getränk nippten, brachte der Besitzer eine Bratpfanne voller Futter für seinen treuesten Gäste auf die Terrasse. »Das ist Toñito«, sagte er und streichelte liebevoll einen wunderschönen Flame-Point-Kater mit blauen Augen. »Vor drei Jahren gab es in den Bergen einen Waldbrand, und ich hörte ihn auf der Straße weinen. Er war so klein und fast tot! Ich habe ihn mitgenommen, gewaschen und gepflegt. Jetzt ist er gesund und sehr glücklich.«

Rosarito ist berühmt für seine atemberaubenden Strände ... Aber wenn Sie vorhaben, ins Wasser zu gehen,

Toñito genießt das Frühstück mit seinem Freund Botitas.

seien Sie gewarnt, dass ein lokaler Surfspot von einer Bande schelmischer Katzen bewacht wird! »Wir nennen sie die *gato gang*, weil sie wie kleine Banditen sind. Sie stehlen, durchwühlen den Müll, klettern die Wände hoch …«, lacht die Gründerin von Viva Los Gatos Baja, die die Kolonie geerbt hat, als sie in ein Haus am Meer zog. Jetzt ist die gesamte Gruppe sterilisiert, und obwohl viele von ihnen ein neues Zuhause gefunden haben, gibt es noch einige, die an der Küste betreut werden.

Im Haus war ein junger schwarz-weißer Kater namens Pepe der neueste Mitbewohner: »Auf dem Weg zum Surfen hörte ich ihn draußen in einem Baum schreien und nahm ihn mit herein.«

Etwas weiter nördlich liegt Tijuana, an der Grenze zu den Vereinigten Staaten. Am Grenzübergang San Ysidro huschen Katzen zwischen den beiden Ländern hin und her, einige von ihnen setzen sich in die Souvenirläden entlang der Fußwege. Ein hübscher Kater namens Max trug ein Halsband, das seine feste Zugehörigkeit zu einem Piñata-Laden im nahe gelegenen Mercado de las Artesanías zeigte, wo seine Besitzer Dekorationen für Weihnachten herstellte.

Für Naschkatzen ist Mega Dulces, ein großer Süßwarenladen, der beste Anlaufpunkt. Dort begrüßte uns der lebhafte junge Kater Oreo am Eingang und hüpfte dann ins Innere, um sich spielerisch an einer Auslage mit Tamarindenbonbons zu vergreifen. »Der ganze Laden gehört

ihm«, scherzte die Filialleiterin Jennifer, die ihn im Alter von nur einem Monat als Ladenkatze adoptierte. »Nachts schläft er auf Kartons, und wenn er nicht gestört werden will, klettert er einfach auf die obersten Regale. Die Kunden lieben ihn!«

Das wachsende öffentliche Interesse am Wohlergehen von Katzen veranlasste eine Frau dazu, ihren Traum von einem Katzencafé zu verwirklichen. »Ich erkannte, dass die Gemeinde so etwas wirklich wollte«, sagte die Besitzerin des Bastet Cat Café, Elizabeth Barajas, die mit Tierschützern zusammengearbeitet hat, um für mehr als 1500 Katzen auf beiden Seiten der Grenze ein liebevolles Zuhause zu finden.

Elizabeth sieht den wachsenden Rückhalt für Katzen in der Stadt als Ergebnis neuer Tierschutzgesetze, des vermehrten Wohnens in Mietwohnungen und der positiven Wirkung sozialer Medien auf Aufklärung und öffentliche Wahrnehmung. »Früher kursierten viele falsche Vorstellungen. Männer sagten mir zum Beispiel: ›Ich würde niemals einen Kater sterilisieren lassen‹. Ich habe geantwortet: ›Wir werden die Katze sterilisieren, nicht Sie!‹ Das Machogehabe von früher ändert sich Schritt für Schritt. Die Leute beginnen wirklich zu verstehen – und zu fühlen.«

BAJA CALIFORNIA SUR

Die Südspitze der Halbinsel Baja California lockt Besucher aus aller Welt mit landschaftlicher Schönheit, Luxusresorts und exquisiter Küche. An einem lauen Winterabend machten wir uns auf den Weg zu einer Biofarm an den Ausläufern der Sierra de la Laguna, wo wir auf eine verspielte Katze namens Cilantro trafen. »Die Katzen haben einen sehr positiven Einfluss auf die Farm – sie beschützen unsere Pflanzen«, erklärt Gloria, die Besitzerin von Flora Farms. Die einst riesige Population ist nun ausgeglichen: »Jetzt, nachdem alle sterilisiert wurden, sind sie wie Löwen«, erklärt Gloria. »Sie bewachen ihr Revier und lassen keine fremden Katzen mehr hinein.«

Auf einem Thron aus Heu regierte eine königliche schwarz-weiße Katze namens Fiu über den Marktstand: »Fiu will die Königin des Markts werden. Sie ist ganz schön temperamentvoll und hat ein großes Ego!«, lacht Mariana, eine Mitarbeiterin, die die lebhafte Hofkatze lieb gewonnen hat. »Es gibt so viele streunende Tiere in Mexiko, aber es liegt in unserer Macht zu helfen. Wir können einen Weg finden alle zusammenzuleben.«

Für einige Katzen kann die Entwicklung der Infrastruktur eine Bedrohung für die friedliche Koexistenz darstellen. Im Hafen von Los Cabos – einem beliebten Ziel für Jachten – wird eine große Katzenfamilie durch den Bau eines Luxushotels vertrieben. »Die Katzen sind schlau«, sagte der Sicherheitschef, während die Katzen vorbeihuschten und in die Bäume sprangen, um Schutz zu suchen. »Wenn wir arbeiten, gehen sie in einen anderen Bereich. Aber leider gibt es kaum noch Orte, wo sie hinkönnen.« Oft entfernen touristische Einrichtungen Katzen von ihren Grundstücken und versuchen, sie einzuschläfern.

Das hat sich geändert, dank Armando Martínez, dessen visionärer Ansatz als Leiter des Tierheims der Los Cabos Humane Society den Status quo infrage stellt: »Ich bin der Bösewicht für die Regierung, weil sie mir sagen, ich solle Katzen aus den Hotels holen und einschläfern, und ich sage: ›Nein. Wir müssen hier zusammenarbeiten.‹« Armando glaubt, dass Rettung, Sterilisation und Aufklärung der Bevölkerung die Lösung sind. Sein Ansatz funktioniert: In den fünf Jahren unter seiner Leitung ist die Euthanasie-Rate gesunder Katzen von 97 Prozent auf Null gesunken: »An meinem ersten Tag habe ich gesagt: ›Wir müssen aufhören, die Tiere zu töten. Geben Sie mir ein Jahr, und ich werde es ändern.‹«

Armando stand stolz im Katzenzimmer des Tierheims, wo einst Gitterboxen in tiefen, quadratischen Fächern untergebracht waren – heute ein Spielparadies mit Kletterleitern und Liegeflächen, in dem sich die Katzen frei bewegen können: »Früher standen hier Boxen für die Einschläferung«, sagte er über die Fächer. Jetzt sind die Gitterstäbe verschwunden, und seine Vision wurde zur neuen Realität: »Wir mussten einfach die Denkweise ändern: Dieser Bereich ist nicht zum Töten da. Er ist zum Spielen da.«

INDIEN

OFFIZIELLE SPRACHE: Hindi
und über 20 weitere Sprachen

KATZE: बिल्ली / Billi (Hindi)

DELHI

Bei einem Spaziergang durch Delhi gibt es auf den Straßen viel zu entdecken. Der süße Duft der Straßenstände, die Guaven und Bananen verkaufen, vermischt sich mit blühendem Jasmin, brennendem Weihrauch und den Abgasen der vorbeifahrenden Auto-Rikschas. Wenn die Stadt erwacht, schlängeln sich die Motorräder eilig durch die Straßen, und jeder Autofahrer wird Ihnen sagen, dass er auf seinem morgendlichen Weg Hunden und Kühen – nicht aber Katzen – ausweichen muss. Doch wenn Sie nach oben schauen, verändert sich die Perspektive völlig. »In Delhi sieht man eigentlich nicht viele Katzen ... es sei denn, man schaut auf die Dächer«, erklärt Anupriya Dalmia, Gründerin von Dogs of Delhi. Wegen der vielen Straßenhunde, die eine Bedrohung für Katzen darstellen können, haben die meisten von ihnen gelernt, ein Leben auf den Dächern zu führen. Da Bemühungen zur Sterilisierung von Hunden wie die von Anupriya Dalmia die Hundepopulation zu stabilisieren beginnen, richten sie und andere ihre Aufmerksamkeit nach oben.

Die Sichtweise beeinflusst alles, und bei den jungen Menschen in Delhi ändert sich die Einstellung zum Katzenschutz rasant: »Katzen sind in Indien kein traditionelles Haustier, daher haben sich die älteren Generationen ihnen gegenüber nie wirklich geöff-

net«, erklärt die Tierschützerin Saara Gupta, während wir durch ihr Viertel in Süd-Delhi spazieren. »Meine Familie findet, ich sei nicht normal, weil ich keine Kinder haben will und mich stattdessen um Katzen kümmere. Das ist ein Lebenskonzept, das hier noch nicht akzeptiert wird.«

»Der Aberglaube, dass es Unglück bringt, wenn eine Katze deinen Weg kreuzt, ist hier weitverbreitet «, erklärt Mansi Tejpal, Sozialforscherin mit dem Schwerpunkt Tierethik. »Aber junge Menschen stellen diese Vorstellungen zunehmend infrage. Man muss verstehen, dass in Indien die Familie das zentrale soziale Gefüge ist. Doch da immer mehr Menschen für bessere Chancen in städtische Gebiete ziehen, sehnen sie sich nach Gesellschaft – und nehmen Katzen bei sich auf. Das ist die erste Generation mit einem völlig neuen Lebenskonzept. Da Indien zunehmend internationaler geworden ist, haben die Menschen mehr Zugang zu Wissen aus anderen Kulturen – und es hat einen großen Mentalitätswandel zwischen den Generationen gegeben.« Sie zeigte mir ein Foto eines Kätzchens, das sie gerettet hatte, und schmunzelte: »Ehrlich gesagt glaube ich auch, dass junge Leute ein bisschen Rebellion mögen. Eine Katze als Haustier zu haben, ist wie ein ›F … you‹ für die Eltern, denn die akzeptieren das überhaupt nicht.«

Im Moti Bagh-Viertel hat eine junge Frau ihr Haus in einen Zufluchtsort für die Katzengemeinschaft verwandelt.

Blaue Planen spannen sich über die bunt gestrichenen Ziegelwände, und eine enge Spiralen aus Treppen und Leitern führt über drei schmale Etagen hinauf zu einem kleinen Bett für Vaishali, während der Rest des Hauses für die Unterbringung von Katzen bestimmt ist, die sich von Operationen erholen. Lokale Tierschützer gehen in ihrem Haus nach Belieben ein und aus; es ist sowohl ein Gemeinschaftsort als auch ein Wohnhaus. Auf dem Balkon sitzen die Katzen mit gekappten Ohrspitzen und blicken auf die schönen Obst- und Gemüsestände unter ihnen.

Auch wenn Katzen allgemein nicht als Haustiere angesehen werden, nehmen viele Menschen Rücksicht auf sie, vor allem auf den Märkten in Delhi. Im Sujit Fish Center zeigten uns die Arbeiter gerne ihr Lieblingsspiel: Sie warfen den Katzen, die sie von einer hohen Ziegelmauer aus beobachteten, Futter zu. »Das ist wie ein Sport!«, rief ein Mann, als er einer schwarzen Katze einen Hühnerkopf zuwarf, die ihn zwischen ihren Krallen schnappte. Draußen stand in der Mitte des Marktplatzes eine Schale mit Milch, die eine durstige Katze anlockte.

Der Herbst bringt Tonlampen und Ringelblumengirlanden auf die Märkte von Delhi, denn die Menschen bereiten sich auf *Diwali*, das Lichterfest, vor. Auf einem Markt in Hauz Khas hatte eine dreifarbige Katze namens Kittu ein auffällig rosafarbenes Gesicht: »Sie hat in einen Beutel mit Farbpulver geschaut«, lachte ein Verkäufer und zeigte auf eine Reihe leuchtend bunter Sandsorten, die für die Rangoli-Kunst verwendet werden. Die neugierige Katze und der orangefarbene Kater Monu waren vor Kurzem sterilisiert worden und auf den Markt zurückgebracht worden.

Der älteste und geschäftigste Markt der Stadt ist Chandni Chowk, ein weitläufiges Areal im dicht besiedelten Alt-Delhi, das die Sinne wie kein anderes weckt. An jeder Ecke brutzelt schmackhaftes Streetfood, Rikschas und Motorroller hupen in symphonischem Wettstreit, und Katzen und Hunde schlängeln sich zwischen den Beinen der Fußgänger hindurch, die sich Schulter an Schulter drängen. Über den Köpfen spannt sich ein Netz aus verworrenen Kabeln zwischen den Gebäuden, und es gibt mit ziemlicher Sicherheit die eine oder andere Katze zu entdecken.

Während die größeren Straßen von Alt-Delhi voller Menschen sind, trifft man die Katzen oft in den ruhigeren Seitenstraßen an. Diese gewundenen, schmalen Gassen sind gesäumt von Motorrädern – dem Hauptverkehrsmittel in der geschäftigen Stadt – und es ist nicht selten, dass man eine Katze sieht, die sich auf einem Motorradsitz ausruht. Wenn sie aufwachen, gibt es jede Menge Futter zu finden und unzählige Metzger, bei denen sie sich ein Happen erbetteln können.

Das vielleicht bedeutendste Wahrzeichen von Alt-Delhi ist die Jama Masjid, eine der größten muslimischen Gebetsstätten in ganz Indien. Als wir die Stufen zu der ikonischen Moschee aus dem 17. Jahrhundert hinaufstiegen, erblickten wir eine winzige Katze, die durch den prächtigen Innenhof schlich, der von hohen Toren aus rotem Sandstein umgeben ist. »Muslime sind hier wegen des Propheten Mohammad generell freundlich zu Katzen«, erklärte Sumit Singla, ein Vermittlungskoordinator, der mit uns die Moschee besuchte.

Die Religion spielt bei jedem Adoptionsgespräch, das Sumit führt, eine große Rolle: »Zu bestimmten Zeiten fasten die

Eine Calico-Katze lebt in der Nili Masjid, einer Moschee aus dem 16. Jahrhundert.

Hindus und haben kein Fleisch oder Eier im Haus. Wenn ich Vermittlungsgespräche führe, muss ich mich vergewissern, dass die Familie auch dann bereit ist, Katzenfutter im Haus zu haben, und manchmal muss ich Bewerbungen von Leuten ablehnen, die sich weigern«, erklärt er. In Hindutempeln ist Fleisch in der Regel verboten, daher sind dort nur recht selten Katzen zu sehen.

»Es ist sehr schwierig zu diskutieren, wenn es um Religion geht«, fügte die Tierretterin Ankita Agarwal hinzu. »Und es gibt viele Aberglauben – manche sind zum Beispiel davon überzeugt, dass jemand im Haus sterben wird, wenn eine Katze miaut. Deshalb musste ich schon einige Katzen aus Notsituationen retten.«

Aber für junge Hindus wie Mansi ist es Teil ihrer spirituellen Praxis, Tieren zu helfen. »Einige Leute fragen mich: ›Es gibt so viele Menschen, die leiden und in Armut leben, wie kannst du dich da um Tiere kümmern?‹ Aber ich erkläre ihnen: ›Der Hinduismus sagt, dass man jedes Lebewesen wertschätzen soll‹«, meint sie. »Ich glaube daran, dass in allen Lebewesen Göttlichkeit steckt. Auch Katzen sind eine Erscheinungsform Gottes. Unser Schöpfer hat sie hierhergebracht.«

AGRA

Die meisten Reisenden wollen in Agra das Taj Mahal besuchen. Das berühmte elfenbeinfarbene Mausoleum, eines der Sieben Weltwunder, beherbergt das Grab der Frau des Herrschers Shah Jahan aus dem 17. Jahrhundert. Doch was nur wenige Besucher wissen, ist, dass die erste Frau des Kaisers, Kandhari Begum, direkt vor den Toren des Taj Mahal in der kaum bekannten Sandali Masjid ruht. Während die Geschichte seine erste Königin weitgehend vergessen hat, hat eine Katzenfamilie eine eigene Legende geschaffen.

Auch Hunde und Affen besuchen die Moschee, doch nur die Katzen sind willkommen und werden gefüttert.

Der Legende nach liebte Kandhari Begum Katzen, und so ist es nur passend, dass ihre Grabstätte durch einer Familie von sieben getigerten Katzen bewacht wird. Die Gläubigen in der Moschee sind jedoch davon überzeugt, dass es sich bei den Katzen um *Dschinns* handelt – Geister mit göttlichen Kräften –, welche die Gestalt von Katzen angenommen haben. In der Überzeugung, dass Freundlichkeit gegenüber den Dschinns Glück bringt, bringen die Einheimischen Fleisch- und Milchopfer, um die mythischen Katzen zu erfreuen.

Jenseits der Sandali Masjid leben die Katzen von Agra hauptsächlich auf den Dächern. Schaut man nach oben, kann man Affen beobachten, die zwischen den Gebäuden hin- und herspringen, gelegentlich eine Ziege und die Silhouetten von Katzen, die sich im Sonnenschein an der Skyline entlangschleichen, völlig unbeeindruckt von ihrem Blick auf das berühmte Weltwunder.

MUMBAI

Als wir in einem kleinen Mietshaus in der Strandstadt Mumbai eincheckten, sahen wir Katzen und Kätzchen nebenan spielen. Eine Frau kam heraus, füllte die Wassernäpfe in der Gasse und erzählte uns, dass sie ihr ganzes Leben lang Tiere in Mumbai gerettet hat: »Früher habe ich Hunden geholfen, aber die Population ist in den letzten 35 Jahren so stark zurückgegangen, dass ich mich jetzt auf Katzen konzentriere«, sagte sie. »Sie fühlen sich hier sicher.«

Der Rückgang der Hundepopulation in Mumbai kommt nicht von ungefähr: »Vor Jahrzehnten hat die Regierung Hunde eingeschläfert. Aber die NGOs sagten: ›Gebt uns die Mittel für die Sterilisation, und wir kümmern uns darum.‹ Seit den 1980er-Jahren ist das Töten illegal, und die Regierung hat den Sterilisationsorganisationen Mittel zur Verfügung gestellt – mit großem Erfolg«, erklärt Pallavi Kamath von der Feline Foundation, einer Organisation, die in der ganzen Stadt Sterilisationsdienste anbietet. »In gewisser Weise haben die Hunde-NGOs den Menschen geholfen, dieses Konzept auch für Katzen zu verstehen.«

Ein Viertel am Wasser, Versova, ist ein lokaler Hotspot für Katzen. Das Wohngebiet ist dicht mit

Häuserzeilen bebaut, und die Katzen laufen frei herum, hüpfen durch offene Fenster und über steile Treppen, an denen Wäscheleinen hängen. »Bei vielen Katzen ist unklar, wem sie gehören«, sagt Pallavi. »Die Leute sagen: ›Oh, das ist nicht meine Katze‹, obwohl sie sich um sie kümmern. Eine Person füttert sie, eine andere spielt mit ihr, eine andere bringt sie zum Tierarzt. Wer ist also der Besitzer der Katze? Niemand ... und jeder. Der Besitzer ist die Gemeinschaft.«

Im Dorf Versova packt jeder mit an. Ein Mann stellte Schüsseln mit Wasser auf, eine Frau verteilte Fischreste, und ein Mann lud uns sogar ein, durch verwinkelte Gassen bis zu seiner Haustür zu gehen, wo er uns die Katzen vorstellte, die in seinem Haus schlafen. Damit die örtlichen Betreuer die Katzen einfangen können, um sie zu versorgen, legen sie einfach Zeitungspapier aus, verteilen Futter darauf und greifen sich dann die fressenden

»Sie ist nach einer Klebstoffmarke benannt, weil sie an mir klebt«, sagte ein Mann über Fevicol.

Katzen. Gemeinsam mit Pallavi liefen wir mehrere Kilometer, suchten nach Katzen, die noch keine Ohrkerbe hatten oder medizinische Hilfe brauchten, und setzten sie in Transportboxen.

Wir fuhren in einer Rikscha zur Klinik und hielten uns an den Stapeln voller Transportboxen fest. In der Klinik sollten die Katzen ein *Nasbandi* – das lokale Wort für Sterilisationsprogramm – durchlaufen und ein Kater sollte eine Wundversorgung erhalten.

Da es kaum Aussichten auf eine Adoption gibt, werden die meisten Katzen mit einer gekappten Ohrspitze versehen und in die Gegend zurückgebracht, in der sie bereits bekannt und beliebt sind, und

»Aufgrund der Sterilisation finden Hunde und Katzen hier tatsächlich einen Weg, miteinander zu leben. Einige sind sogar die besten Freunde«, sagt Lamya Kapadia, Leiterin des Cat Café Studio.

Eine Frau kommt mit dem Motorrad in der Klinik an.

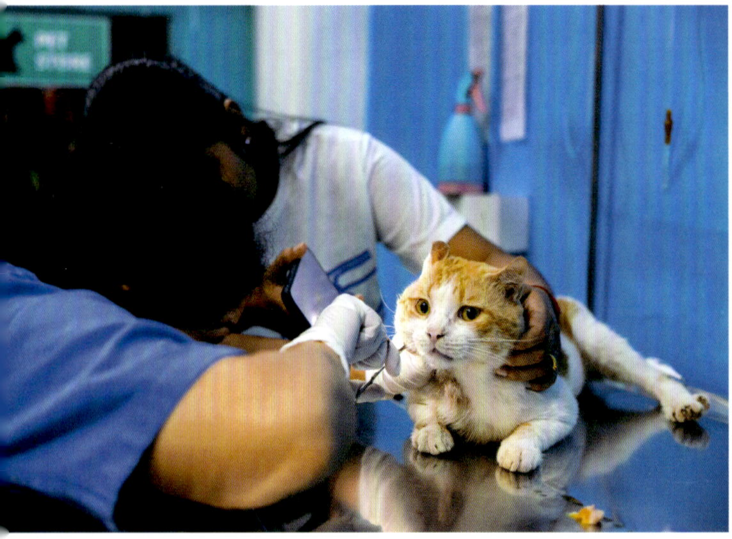

Das Cat Café Studio nimmt Katzen wie Gibson auf, die eine speziellere Pflege benötigen.

die Nachbarn erhalten Unterstützung, um als Gemeinschaft die bestmögliche Pflege zu bieten. »Wir müssen Wege finden, für die zu sorgen, die nicht vermittelt werden können«, sagt Pallavi. »Katzen, die aus medizinischen Gründen nicht in der Gemeinde leben können, bietet eine Partnerschaft mit dem Cat Café Studio ein langfristiges Zuhause und die Chance, Adoptiveltern zu finden.

Am Ende unseres Besuchs fühlte ich mich durch die ermutigende, engagierte Zusammenarbeit, die ich auf den Straßen von Mumbai erlebt hatte, zutiefst gestärkt. Dank des tiefen Glaubens der Gemeinschaft daran, dass eine bessere Zukunft möglich ist – der Erfolg hat es bei den Hunden bereits gezeigt – rückt eine Lösung in greifbare Nähe. Die Zukunft für die Katzen von Mumbai sieht wirklich rosig aus.

CENTSIX
SPRAYING BRICKS
HEX.COM
STRCK
BR

GRIECHENLAND

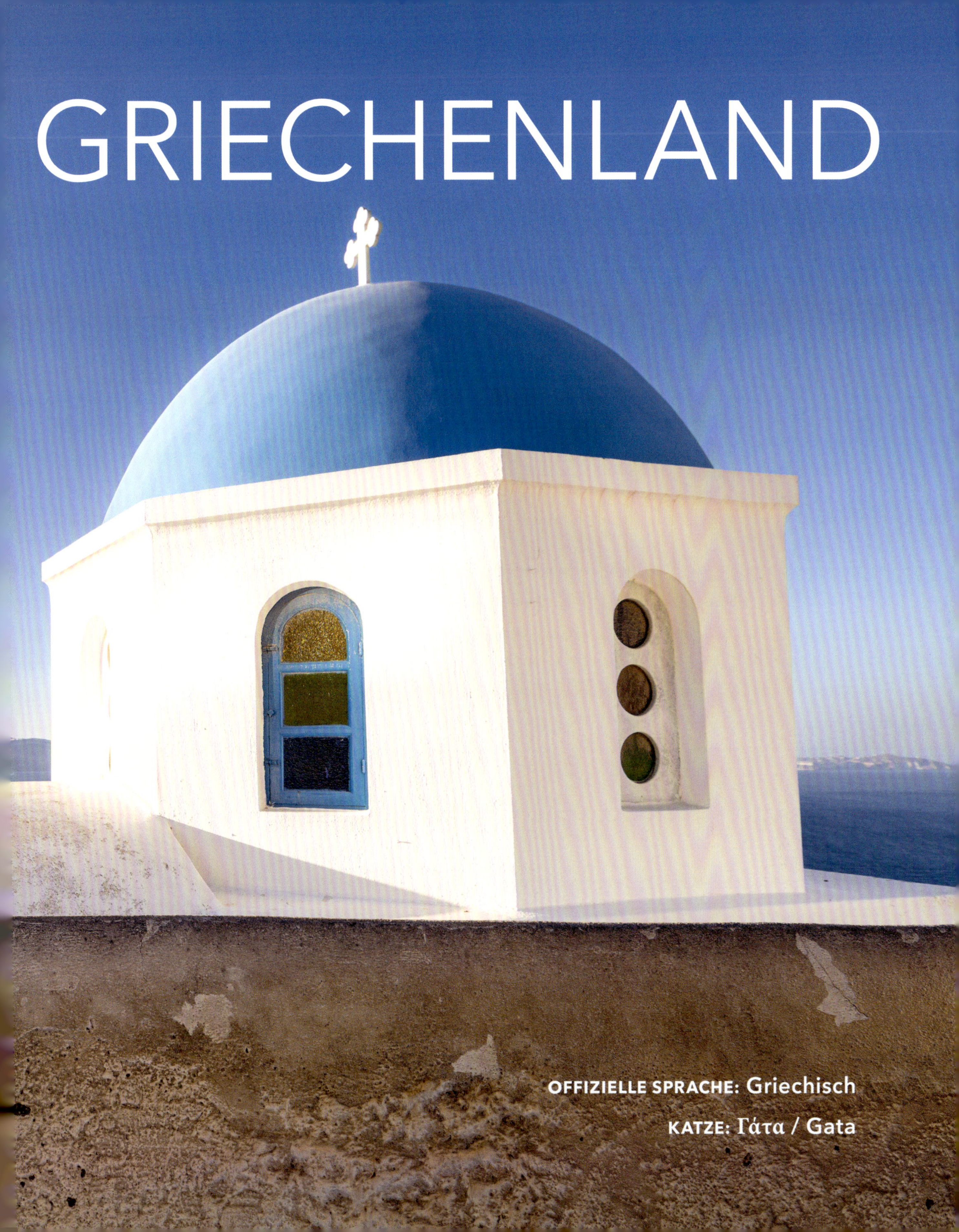

OFFIZIELLE SPRACHE: Griechisch

KATZE: Γάτα / Gata

ATHEN

Eine archäologische Schatzkammer erhebt sich über Griechenlands Hauptstadt, und an einem schwülen Sommertag stiegen wir auf den felsigen Hügel, um die Akropolis zu erkunden. Auf den steinigen Pfaden kreuzte eine zutrauliche Katze unseren Weg und schien uns auf dem Weg zu einer Wasserstelle aufzumuntern.

Oben angekommen, näherten wir uns dem Erechtheion, der von Karyatiden gestützt wird – neoklassizistischen Säulen mit steinernen Frauenfiguren. Hinter einem Absperrseil tauchte eine ältere grau-weiße Katze mit einem lauten, rauen Miauen auf. Schaulustige versammelten sich und brachten der Katzengöttin Opfergaben in Form von Fleisch und Kopfmassagen dar.

Eine der berühmtesten Stätten ist der Parthenon, der der Göttin Athene gewidmet ist. Ein zutraulicher Kater, der sich auf einem Felsen sonnte, verdeckte die Sicht auf den Tempel – ganz so, als wolle er sicherstellen, dass die Besucher auch seine ästhetische Vollkommenheit bemerkten.

Während die Katzen der Akropolis alles von oben beobachten, findet man weiter unten am Hang eine moderne Stadt, in der Katzen frei umherstreifen. Wir erkundeten die engen Gassen von Anafiotika unter dem Blätterdach der üppigen Weinreben, wo die Menschen *Dolmas* und *Dakos* genießen und sich die Katzen über die Essensreste freuen.

Dass diese Katzen sterilisiert, gesund und geliebt sind, ist das Werk einer großen Gruppe von Freiwilligen namens Nine Lives Greece, die auch den griechischen Namen Οι Εφτάψυχες (Sieben Seelen) trägt. »Im Griechischen sagt man, dass Katzen sieben Seelen haben, nicht neun Leben, daher verwenden wir beide Namen«, erklärt die Mitgründerin Cordelia Madden.

Jeden Tag gehen vier Teams aus Freiwilligen durch die Stadt, um mehr als 500 Katzen zu betreuen, die sterilisiert wurden. Cordelia, die eine Tasche mit Wasser, Futter, Medikamenten und einer Bürste für die Katzen mit langem Fell bei sich trägt, stellte uns die Katzen auf ihrer Route vor: »Es ist eine schöne Aufgabe, die man ein oder zwei Stunden pro Woche machen kann«, erklärte sie.

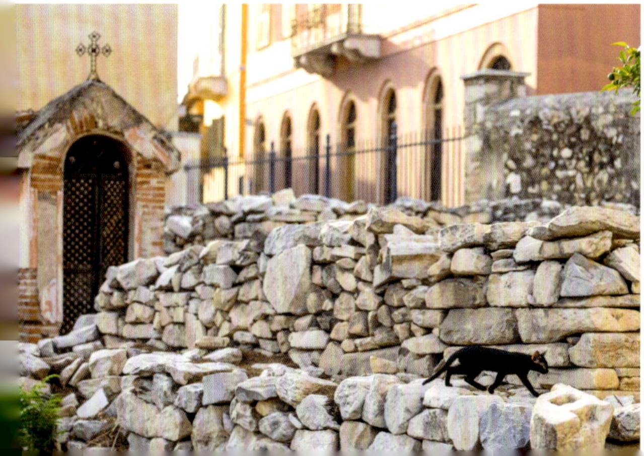

»Die Geschäftsinhaber hier wissen, dass die Touristen gerne Katzen sehen, die gesund und gepflegt aussehen, und sind froh über unsere Hilfe«, sagte Cordelia, als sie einen flauschigen Kater vor einem Restaurant einfing, um ihn zur Zahnbehandlung zu bringen.

Die Wirkung von Nine Lives sieht man im gesamten Stadtzentrum. In einem Souvenirladen döste ein zwei Jahre alter Kater namens Noah auf einem Regal mit Keramiken. »Er hat Augen wie ein Engel«, sagte die Ladenbesitzerin, die ihm über die Organisation eine kostengünstige Operation ermöglichen konnte. In einem anderen Souvenirladen wurde eine Katze namens Nionios von Nine Lives adoptiert, und sie hat seitdem die Katzen der Nachbarschaft eingeladen, sich ihr anzuschließen: »Nionios hat sich mit Dionne angefreundet, die Giorgos mitbrachte, der einen weiteren Freund mitbrachte ... Die Katzen erzählen es ihren Freunden und bringen sie hierher«, lacht die Ladenbesitzerin.

»Es ist großartig, dass wir überall in der Stadt Katzenfreunde haben, weil sie uns auf Katzen aufmerksam

machen, die Hilfe brauchen«, sagte die Freiwillige Anna Liliopoulou. Wir kamen an den antiken Ruinen des Eleusinion und der römischen Agora vorbei, wo die Katzen in einem Bereich leben, zu dem nur sie Zutritt haben: »Sie fühlen sich dort sicher, als könnten die Menschen nicht in ihre Welt eindringen«, sagte Anna, während sie Futter an der Barriere verteilte.

Entlang der Grenze zwischen der antiken und der modernen Welt genießen die Katzen die Stille der Antike, während sie von einer engagierten Gemeinschaft gepflegt werden, die ihr Leben verbessern will. »Ich denke, das Besondere dieser Stadt ist, dass hier alles für eine erfolgreiche Hilfe für die Katzen vorhanden ist«, sagte die Freiwillige Adelle Goodman.

SANTORIN

Zu Griechenland gehören Hunderte von bewohnten Inseln, von denen jede ihren eigenen Charme hat. Nach Santorin strömen Touristen aus aller Welt, um sich vor den weißen Gebäuden und den blauen Kuppelkirchen, die sich an die Klippen schmiegen, fotografieren zu lassen. Aber wir hatten eine andere Absicht: Wir wollten die Katzen fotografieren, die hier zu Hause sind.

Die Sonne ging über Oia auf, und wir erkundeten das verwinkelte Dorf, während die Katzen vor der Panoramaaussicht auf die Ägäis posierten und anmutig von einem Mauervorsprung zum nächsten sprangen. Ein einheimischer Fotograf meinte lächelnd: »Es ist schön zu sehen, dass jemand nur die Katzen fotografiert«, sagte er, als Andrew das Bild einer seidig glänzenden Katze vor einer griechisch-orthodoxen Kirche einfing. »Sie ist die freundlichste auf der ganzen Insel.«

Der Tourismus wirkt sich auf die Katzenpopulation von Santorin saisonal unterschiedlich aus: »Im Winter, wenn die Geschäfte und Restaurants schließen, gibt es weniger Futter für die Katzen. Also müssen wir zentrale Futterstellen einrichten, um sie zu versorgen«, sagte Hotelbesitzerin Vily Zacharaki, die Sterila Santorini mitbegründet hat, um die Katzen der Insel zu unterstützen. »Im Sommer sind zwar mehr Betriebe geöffnet ... aber die einheimischen Freiwilligen sind dann alle mit ihrer Arbeit beschäftigt«, sagte sie, während sie Dior streichelte, eine von mehreren Katzen, die in ihrem Hotel leben.

»Können Touristen irgendwie helfen?«, fragte ich. »Jeder, der ein Auto hat, kann helfen«, antwortete Vily. »Ich habe Kätzchen, die heute zum Tierarzt am anderen Ende der Stadt müssen.«

Was gibt es Besseres, als die Insel zu erkunden und dabei gerettete Kätzchen auf einem Ausflug mitzunehmen? Ehe wir uns versahen, waren die getigerten Babys in unserem Mietwagen verstaut, und wir freuten uns, ihnen auf ihrem Weg ein bisschen helfen zu können.

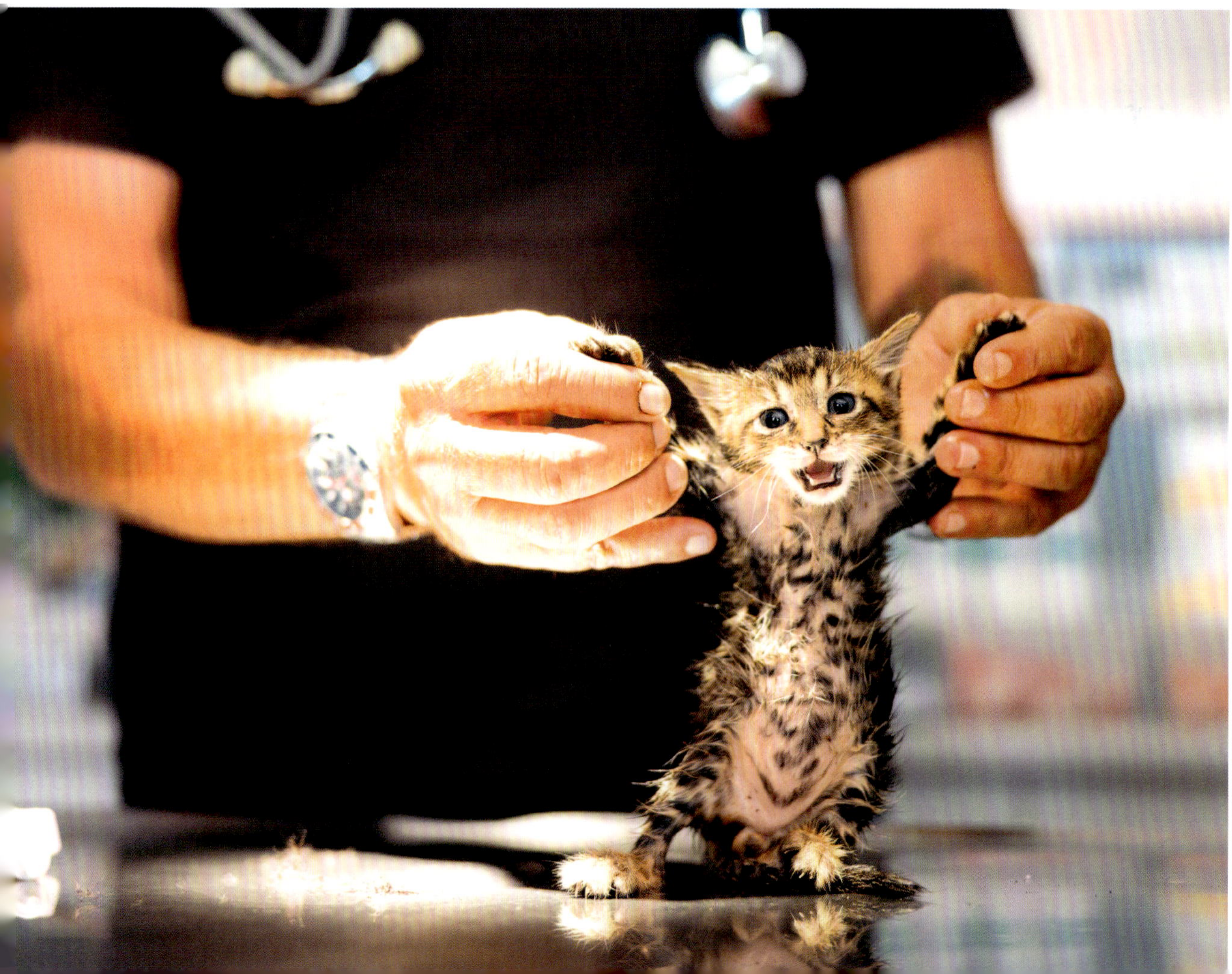

PAROS

Die kopfsteingepflasterten Straßen von Paros schlängeln sich durch weiß getünchte Häuser, die mit magentafarbenen Bougainvilleen und azurblauen Fensterläden geschmückt sind, und hinter jeder Ecke lebt eine Katzenfamilie. Niemand kennt die Katzen des Dorfs Lefkes besser als die Tierschützerin Isabel Borst: »Wir fingen an, eine Katze zu füttern, und gehörten plötzlich zu einer großen Gemeinschaft«, scherzte Isabel.

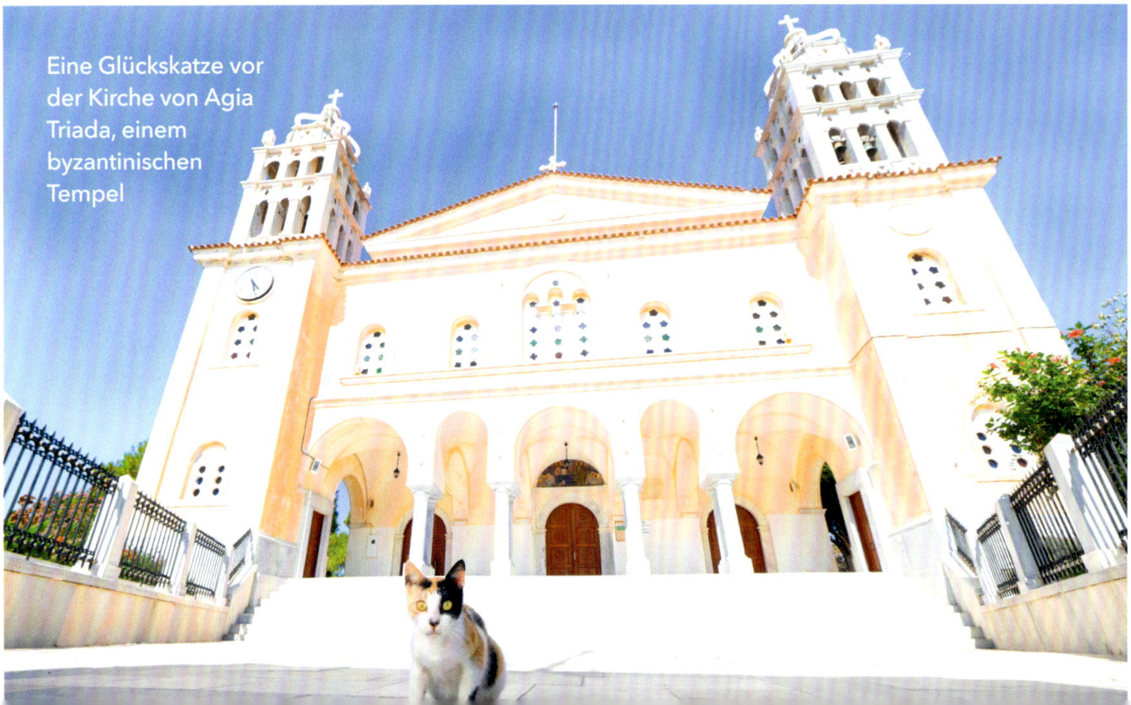

Eine Glückskatze vor der Kirche von Agia Triada, einem byzantinischen Tempel

Zurück in ihrem Haus jagten sich die Pflegekätzchen gegenseitig im Garten oder faulenzten im Schatten der überdachten Veranda. Ein schlaksiges Kätzchen namens Pollock stürzte sich auf einen Haufen herabgefallener leuchtend pinkfarbener Blüttenblätter, sein Jagdinstinkt war geweckt: »Das ist das billigste und beste Spielzeug überhaupt«, lachte Isabel.

Doch während die anderen Kätzchen im Hof spielten, beobachtete eine überwiegend weiße Flame-Point sie von der Tür aus: »Supernova hatte einen schweren Sonnenbrand an den Ohren, als sie ankam. Das ist hier ein großes Problem: Weiße Katzen bekommen leicht Verbrennungen und schließlich Krebs an den Ohren oder der Nase. Daher versuchen wir, sie vorrangig zu behandeln«, sagte sie und erklärte, dass Supernova bereits ein Flugticket nach Deutschland hatte.

Isabels Nachbarin Frau Kaparou, die in einem schönen Haus auf einem Hügel über dem Dorf wohnt, ist die Katzenpatin des Orts. Sie spricht weder Englisch noch wir Griechisch, aber mit enthusiastischen Gesten begrüßte sie uns in ihrem Garten und zeigte stolz auf die Katzen in ihrer Obhut.

Herzlich winkte sie uns in ihr Haus und bestand darauf, dass wir zum Kaffee bleiben und ihre liebsten Gefährten kennenlernen. Ein gestreifter Kater lag auf den Terrazzokacheln, während sie eine Platte mit *Kritsinia* und selbst gezogenen Kirschtomaten vorbereitete. Sie stellte ihn als Lynkas vor und hielt ihre Hand an ihr Herz.

So vieles lässt sich ohne Worte ausdrücken. Als wir zusammensaßen entstand durch Lächeln, Gesten, Umarmungen und unsere gemeinsame Liebe zu Katzen eine tiefe Verbindung zwischen uns. Als wir aufbrachen, sprach ich in eine Übersetzungs-App, um ihr für ihre Gastfreundschaft zu danken, und mir kamen die Tränen, als sie meine Hand nahm und antwortete. Der Bildschirm übersetzte: »Danke, dass ihr Tiere liebt.«

NEPAL

OFFIZIELLE SPRACHE: Nepali

KATZE: बिरालो / Birālō

KATHMANDU-TAL

Die Aussicht aus dem Flugzeug war spektakulär, als wir über die steilen, schneebedeckten Gipfel des Himalayas flogen. Es schien unmöglich zu sein, dass ein so großes Stadtgebiet in der Mitte des Himalayas zu finden ist. Bunte Häuser und traditionelle Häuser aus rotem Backstein verteilten sich auf die Region, und als wir uns von oben näherten, hätte ich schwören können, dass ich ein oder zwei Katzen auf den Dächern gesehen habe. Nach der Ankunft stiegen wir auf Motorräder und machten uns auf den Weg in die historische Stadt Patan.

Sumit Shakya empfing uns in dem Newari-Haus, das seiner Familie seit über 100 Jahren gehört. Die Newar, die Ureinwohner dieser Region, leben in hohen, schmalen Ziegelbauten mit vergitterten Holzfenstern ohne Fliegengitter. »Wir können drinnen keine Katzen halten; Sie sehen ja, warum«, sagte er, während er in den Innenhof blickte. »Meine Katzen sind meist draußen, und sie werden auch von den Nachbarn geliebt, in deren Häusern sie manchmal schlafen!«

Nur eine Katze bleibt bei ihm im Haus: Hakucha, eine gelähmte gestromte Katze mit großen, freundlichen Augen. »Ihr Name bedeutet ›schwärzlich‹ auf Newari«, erklärt er; in Nepal betrachten viele braun getigerte Katzen als eine Art schwarze Katze. »Sie war ein Kätzchen, das in einem buddhistischen Tempel gefunden wurde. Manche Leute finden, man solle sie einschläfern, aber ich bin ein katzenfreundlicher Mensch, also bleibt sie.«

Im Hof eines anderen Newari-Hauses stellte uns Sumit seine Freundin Reshma Tuladar vor, deren of-

Reshma und ihre Lieblingskatze Kancha, was so viel wie »die Jüngste« bedeutet

fene Fenster den Katzen als willkommener Ort für eine Mahlzeit dienen: »Reshma Didi sagt, dass sie viel Mitgefühl für Tiere hat«, erzählte Sumit; *Didi* bedeutet »große Schwester« und wird verwendet, um Nähe zu signalisieren, wenn eine Frau angesprochen wird. Wir folgten ihr über steile Treppen auf ihr Dach, wo sich die Kätzchen auf Planen ausruhten oder von Haus zu Haus sprangen.

Im Zentrum vieler Newari-Höfe stehen *Chivas* – buddhistische Schreine. An einem Chiva spazierten eine Katzenmama namens Luna und ihr Kätzchen Daisy um das steinerne Bauwerk herum, machten sich dann auf den Weg zu einem kleinen Laden an der Ecke und schliefen hinter dem Tresen ein. »Das waren Streuner, aber sie hat eine Bindung zu ihnen aufgebaut, und jetzt tragen sie Halsbänder«, sagte ein Kunde und deutete auf die lächelnde Ladenbesitzerin in einem schönen roten Kleid.

In einem Garten in der Nachbarschaft verteilt ein Mann aus einer Tüte Hühnerköpfe an die örtlichen Katzen: »Sie kennen mich und kommen, wenn ich sie rufe. Ja, ich liebe sie«, sagte er grinsend und stieg auf sein Motorrad.

Mitgefühl spielt in der nepalesischen Kultur eine große Rolle, aber Katzen lebten früher nur selten mit Menschen im Haus zusammen. »Ich war total überrascht, als ich herausfand, dass man einer Katze beibringen kann, ein Katzenklo zu benutzen und drinnen auf die Toilette zu gehen«, sagte Ayush Shrestha, als wir auf der Terrasse eines Cafés im Schatten tibetischer Gebetsfahnen eine gemeinsame Mahlzeit einnahmen. Ayush, der sein ganzes Leben in Kathmandu verbracht hat, begann am Anfang der Pandemie mit der Freiwilligenarbeit bei Catmandu Lovers, und seine Sichtweise änderte sich: »Ich hatte keine Ahnung, dass Katzen im Haus leben können! Jetzt finde ich sie sogar sehr liebenswert«, sagte er, während er die Hauskatze des Restaurants, Suri, streichelte.

Die Hauskatze Jerry posiert mit Newari-Weinbehältern.

Richi Remli, Leiterin der Catmandu Lovers, jubelte: »Das ist es, was ich so gerne sehe: Menschen, die lernen!« Zurück bei Richi lernten wir ihre entzückenden Pfleglinge kennen, und ich bemerkte, dass sie ein wunderschönes Haus hat: »Nicht mein Haus – das Haus der Katzen!«, lachte sie. Sie packte zwei kleine schwarze Kätzchen, Bhola und Octavia, in einen speziellen Katzenrucksack, und wir brachen zu einer Wanderung durch das grüne Dorf Jharuwarasi auf. »Wir versuchen, sie auf sichere Weise an die freie Natur zu gewöhnen, denn die meisten von ihnen werden später draußen leben«, erklärte sie.

Bhola und Octavia lugten aus Richis Rucksack, während wir über Bäche sprangen und über Stege gingen und uns einen Weg durch die fruchtbaren Felder suchten. Bhola schnupperte mit ruhiger Neugierde an der Luft und entfernte sich nie weit von der Sicherheit des Rucksacks, selbst wenn er die Gelegenheit bekam, etwas zu erkunden.

Die Einheimischen grüßten herzlich. Eine Frau stellte uns ihr Kätzchen Jenny vor, das sich auf einem Stoffstapel sonnte. Später wurden wir eingeladen, eine *Ping* auszuprobieren, eine Bambusschaukel, die während des Erntefests *Dashain* von Hand gebaut wird und den Nachbarn bei den anstehenden *Tihar*-Feierlichkeiten zur Verfügung steht. Wir setzten die Kätzchen ab und schaukelten im Sonnenschein, gerührt von so viel Gastfreundschaft.

Als sich zwei freundliche Hofhunde schwanzwedelnd nähern, macht Jenny klar, dass sie die Chefin ist.

POKHARA

Tihar ist ein fünftägiges, jährlich stattfindendes hinduistisches Fest, bei dem die Straßen erfüllt sind von Musik, Tanz und farbenfroher Rangoli-Kunst. Jeder Tag ist der Verehrung eines anderen Wesens gewidmet: Zuerst kommt *Kaag Tihar*, ein Tag, an dem man Krähen Respekt zollt, dann *Kukur Tihar* für Hunde, *Gai Tihar* für Kühe, *Goru Puja* für Ochsen und schließlich *Bhai Tika* für Brüder und Schwestern. Katzen haben keinen eigenen Tag, aber viele nepalesische Tierfreunde verehren ihre Katzen am zweiten Tag des Fests zusammen mit ihren Hunden.

»Der Hund steht symbolisch für alle menschenbezogenen Tiere, so wie die Krähe für alle Vögel steht«, erklärt Ruby Sharma, eine örtliche Kätzchenretterin, »deshalb feiern wir auch Birālō [Katze] Tihar.« Gemeinsam machten wir uns auf den Weg zum Chadani Shelter Animal Rescue and Care Center, wo eine Gruppe von Frauen Ringelblumengirlanden *(malas)* aufhängte, die Hunden und Katzen im Rahmen der nationalen Zeremonie um den Hals gelegt werden. Eine Frau trug eine Schale mit *Tika* – leuchtend rotem Pig-

Eine Calico-Katze schreitet durch ein Rangoli-Mandala und hinterlässt eine Spur aus bunten Pfotenabdrücken.

ment – , das sie zur Feier des Tags sanft auf die pelzigen Stirnen der Tiere rieb. Dieser Ritual wird an diesem besonderen Tag sowohl für Haustiere als auch für Tiere der Gemeinschaft durchgeführt, und jedes Tier erhält Leckereien.

Zurück in Rubys Haus lugte ein orange-weißer Kater namens Delight um eine Ecke, an seinem Hals baumelte eine Kette aus Ringelblumen: »Delight war sechs Tage alt, als ich ihn bekam«, erzählte sie mir. »Hier gibt es keine Kätzchennahrung, aber sie lieben verdünnte Büffelmilch – sie sind ganz verrückt danach. Und sieh ihn dir jetzt an: so gesund. *Suri aau!*«, rief Ruby und erklärte, dass dies eine liebevolle Art sei, »Komm her, Kätzchen« zu sagen. Belly und Oreo kamen herein, um ihre besonderen Leckerbissen entgegenzunehmen. »Oreo war mein erstes Kätzchen. Er weinte so laut und war so klein. Ich hatte keine Flasche, also fütterte ich ihn bei jeder Mahlzeit mit einem Löffel! Ich wusste gar nichts!«, lachte sie. »Man lernt durch Erfahrung – Erfahrung macht uns besser.«

Nach einer köstlichen Thali-Mahlzeit gingen wir mit ihrer Familie auf die Dachterrasse, um gewürzten Kardamomtee zu trinken. Oreo gesellte sich in seinem Geschirr zu uns, und der Anblick der geliebten, verehrten Katze vor den Gipfeln der Annapurna-Bergkette war so atemberaubend, dass ich ein mentales Erinnerungsfoto machte, um den Moment für immer festzuhalten. »Tihar wird von allen gefeiert«, sagte Rubys Vater, Dr. Ramji Sharma, »und wenn es um Tiere geht, ist das Verhältnis sehr gut. Dies ist eine offene Gesellschaft, die jeden akzeptiert. Freundlichkeit gegenüber allen ist das Wichtigste.«

Belly, Delight und Oreo feiern Birālō Tihar.

MONTENEGRO

OFFIZIELLE SPRACHE: Montenegrinisch

KATZE: Mačka

PERAST

Entlang der Adriaküste fuhren wir nach Osten zur Bucht von Kotor, in deren ruhigem, blauem Wasser sich die monumentalen Berge spiegeln. Wir hielten in der winzigen Küstenstadt Perast, in der weniger als 300 Menschen und einige Dutzend Katzen leben. In ihrem beeindruckenden Haus aus dem 16. Jahrhundert bietet Dr. Arijana Gradinčić mit ihren offenen Türen einen Zufluchtsort für Katzen: »Die Menschen lassen sie hier, weil sie wissen, dass ich mich um sie kümmere«, erklärt sie.

Die Ärztin kam 1992 als Geflüchtete aus Bosnien hierher und achtet sehr darauf, dass das Haus gut erhalten bleibt – auch wenn Dutzende von Katzen kommen und gehen. Auf der Vorderseite tänzeln die Katzen an den Steinmauern entlang und auf den Bootssteg hinaus, wo sie im seichten Wasser nach Fischen jagen. Im hinteren Teil liegen die Katzen im gepflegten Garten mit bunten Blumen. »Die Tür ist das ganze Jahr über offen: Winter, Regen, Kälte, Hitze. Würde ich in einer Wohnung leben, hätte ich kein Tier. Ich denke, es ist wichtig, dass sie in den Garten gehen und sich in den Bäumen verstecken können, deshalb bin ich hier glücklich.«

Ein Neuankömmling liegt im Schatten eines Boots, nachdem er kürzlich sterilisiert wurde.

Bubi ist einer von Gradinčićs Lieblingen: »Er ist ein berühmter Schauspieler, der gerne posiert«, lachte sie.

Dr. Gradinčić hat eine bemerkenswert positive Einstellung zu den Katzen in der Stadt und scheint bereit zu sein, alles, was sie hat, mit ihnen zu teilen – von finanziellen Mitteln bis hin zu Zeit und Liebe. Sie wünscht sich zwar, dass die Katzen nicht ausgesetzt werden, aber wenn sie erst einmal bei ihr sind, will sie keine mehr hergeben: »Wer nimmt sie denn? Nein, nein, ich behalte sie. Alle Katzen bleiben bei mir. Denn wenn ich sie in mein Haus aufnehme, schließe ich sie in mein Herz.«

Lepa und Nicolica sitzen vor dem 500 Jahr alten Haus.

KOTOR

Als wir in Kotor – auch »Stadt der Katzen« genannt – ankamen, war ich voller Vorfreude! Wir parkten unser Auto an der Küste und gingen zu Fuß, wie man es tun muss, um die Tore der alten Festungsstadt zu betreten, in der die Katzen regieren.

Der Legende nach spielten Katzen eine bedeutende Rolle beim Schutz der Stadtbewohner in den Zeiten der Pest, indem sie Ratten und Mäuse fraßen und so die Ausbreitung des Schwarzen Tods verhinderten. Viele glauben, dass die Katzen die Stadt gerettet haben, und sie werden seither als Helden verehrt. Unabhängig davon, ob die Geschichte nun stimmt oder nicht, ist eines sicher: Katzen gelten in Kotor weitgehend als Glücksbringer und sind zum inoffiziellen Maskottchen der Stadt geworden.

Ein freundlicher Kater sonnt sich vor der Gurdić-Bastion, einer Festungsanlage aus dem 15. Jahrhundert.

In Kotor muss man nicht lange suchen, um Katzen zu finden. Sie lugen aus Schaufenstern hervor, tänzeln auf Dächern und Leitern herum und grüßen einen auf den kopfsteingepflasterten Fußwegen. Wir haben sogar eine freundliche Katze getroffen, die ihr Zuhause auf einem Sarkophag aus dem 13. Jahrhundert vor einer romanischen Kirche hat!

Im Katzenmuseum von Kotor schliefen zwei Kätzchen, die beide Mička heißen, auf einem Kissen neben alten Katzenpostkarten. »Ich habe sie gerettet, als sie drei Wochen alt waren«, sagt der Museumsbesitzer, dessen Sammlung von Katzenkunstwerken ein beliebtes Ziel für Tierliebhaber ist. »Sie hatten keine Mutter, also habe ich sie mit Thunfischpaste aus der Tube gefüttert, bis sie alt genug waren, um gehacktes Fleisch zu fressen.«

Obwohl die Stadt für ihre Liebe zu Katzen bekannt ist, stehen die Tiere in Kotor vor vielen Herausforderungen. Da es kein Tierheim gibt, werden die Katzen oft innerhalb der Stadtmauern zurückgelassen, in der Annahme, dass sie dort versorgt werden – ein Verhalten, das zu einer stetig wachsenden Population geführt hat. Jetzt hat eine beeindruckende Gruppe von Tierliebhabern den Katzen geholfen. Durch die Sterilisation Tausender Katzen verbessert Kotor Kitties das Leben sowohl der Katzen als auch der Gemeindemitglieder, die sie verehren: »Der Minister für Kultur- und Naturgeschichte sagt, dass wir unser kulturelles Erbe schützen, wenn wir den Katzen helfen«, so der Gründer.

Mein größter Wunsch für unsere Zeit in Montenegro war es, zur Burg San Giovanni zu wandern. Die mittelalterliche Festung hoch oben auf einem Berggipfel, ist über einen Weg zu erreichen, auf dem es Katzen geben könnte. Um der Hitze zu entgehen, starteten wir zu unserer Wanderung vor Sonnenaufgang. Als wir den Zickzackweg hinaufstiegen, lugten Sonnenstrahlen über die Hügel und

beleuchteten ein entzückendes Kätzchen vor uns. Wir machten eine Pause, und die süße dreifarbige Katze gesellte sich zu uns, als wir den Sonnenaufgang über der Bucht beobachteten. Wir waren erst auf halber Höhe des Hügels, und bereits hier war die Aussicht überwältigend. Weiter oben auf dem Pfad hielten wir an, um Luft zu holen, und entdeckten eine Gruppe getigerter Katzen mit gekappten Ohrspitzen. Wir staunten, dass diese gesunden, sterilisierten Tiere an einem so abgelegenen Ort lebten – und waren uns sicher, dass wir auf dem kommenden Weg keine weiteren sehen würden.

Auf dem Gipfel erkundeten wir die Ruinen, die bis ins 1. Jh. n. Chr. zurückreichen, und bestaunten die Schönheit der Berge, die sich in der Bucht spiegelten. Dann hörten wir ein freundliches Miau, das nur eines bedeuten konnte: Hier lebte eine Katze!

Wir sind Katzen auf der ganzen Welt begegnet, aber ich kann wirklich sagen, dass keine mein Herz so sehr erobert hat wie der prächtige gelbäugige Kater, der in der bröckelnden mittelalterlichen Festung auf diesem Gipfel lebt. Die Spitze eines Ohrs zeigte, dass er von einem Tierarzt behandelt worden war, was in dieser Höhe schwer vorstellbar schien. Mit kräftigem Körperbau, dichtem Fell wie ein Eisbär und einer würdevollen Ausstrahlung stand er stolz auf einem Stein und überblickte sein Reich. Ich war überwältigt von Ehrfurcht vor diesem majestätischen, souveränen Wesen.

Er ließ sich bereitwillig am Kinn kraulen als Eintrittspreis für den Zutritt zu seinem Panorama, aber er hatte keine Lust, uns den Berg hinunter zu folgen; das hier war sein Reich. Wieder zurück in der Stadt erfuhren wir, dass sein Name Debeli war und dass es engagierte Freiwillige waren, die den ganzen Weg nach oben geklettert waren, ihn zur medizinischen Versorgung und dann zurück auf seinen Thron brachten – hoch über der Stadt der Katzen.

NACH HAUSE KOMMEN

Als wir vom Flughafen zurückkehrten, begrüßten uns unsere Katzen an der Tür und schnupperten neugierig an unseren Taschen. Wir waren mit leichtem Gepäck losgefahren, kehrten aber mit so viel zum Auspacken zurück. Unsere Erlebnisse erfüllten mich mit Ehrfurcht vor der tiefen Verbundenheit zwischen Menschen und Katzen und bestätigten mich darin, dass trotz der vielen Härten unserer Welt an jeder Ecke Freundlichkeit zu finden ist.

Auf unseren Reisen fiel uns auf, dass die meisten Hauskatzen immer noch so leben wie ihre Vorfahren: als Mitglieder unserer Gemeinschaften. Wie die Katzen früherer Zeiten, deren Jagdgeschick sie zu idealen Verbündeten in der frühen Zivilisation machte, leben auch viele heutige Katzen weiterhin als unsere Nachbarn. Wir teilen unsere Parks, unsere Märkte, unsere Arbeitsplätze und sogar unsere Gebets- und archäologischen Stätten mit ihnen. Es ist tief bewegend, diese symbiotischen Begleiter sowohl durch die Ruinen unserer alten Gesellschaften streifen zu sehen als auch durch unsere moderne Welt, in der sie versuchen, ihren Platz in einer sich ständig wandelnden Landschaft zu finden.

Die Beziehung zwischen Mensch und Katze befindet sich im Wandel. Katzen erobern heute unsere Herzen als Gefährten, wärmen unsere Schöße und regieren von hohen, mit Teppich bezogenen Kratzbäumen aus über unsere Wohnungen und Häuser. Gleichzeitig sind Katzen von unseren Entscheidungen und Regeln abhängig – von dem, was wir Menschen für richtig halten. Sie kennen keine Ideologien oder Landesgrenzen, aber genau diese menschengemachten Vorstellungen beeinflussen ihr Leben stark. Ihr Schicksal hängt davon ab, wie wir über sie denken – unser Blick auf Katzen bestimmt, wie es ihnen geht.

Natürlich kann das Leben von Katzen in einer so riesigen Welt unmöglich einheitlich sein, ebenso wenig wie unser Ansatz für ihr Wohlergehen. Was das Beste für eine Katze im kalten Finnland ist, sieht zwangsläufig ganz anders aus für eine Katze im tropischen Tansania. Als Fürsprecher tragen wir alle auf unsere eigene Weise dazu bei, geleitet von dem Mitgefühl in unserem Inneren und unserer jeweils einzigartigen Lebenserfahrung. Indem wir mit Offenheit zuhören, können wir einander verstehen, zusammenwachsen, zusammenarbeiten und entdecken, dass wir, auch wenn wir auf unterschiedlichen Wegen unterwegs sind, tendenziell in dieselbe Richtung gehen – in Richtung der Hoffnung auf eine bessere Zukunft.

Die Komplexität der globalen Beziehung zwischen Mensch und Katze in Worte zu fassen, ist fast unmöglich, doch wir glauben, dass ihr Kern sich in den einfachsten Geschichten widerspiegelt: der türkische Pianist, der Katzen mit Musik besänftigt; die dominikanische Frau, die Katzen in ihrer Fabrik willkommen heißt; das bosnische Kind, das auf dem Spielplatz mit Kätzchen kuschelt. Es tröstet uns zu wissen, dass die Geschichte von Mensch und Katze aus diesen kleinen, zärtlichen Momenten zwischen ganz normalen Menschen wie mir und Ihnen und den Katzen, die unseren Weg kreuzen, besteht. Indem wir die Schönheit der Katzen bewundern, möge sich jeder von uns inspirieren lassen, auf seine eigene Weise einen Beitrag zu leisten, verbunden durch das universelle Mitgefühl, das uns alle verbindet.

DANKSAGUNGEN

Die Entstehung dieses Buchs war wirklich das Abenteuer unseres Lebens, und wir sind allen zutiefst dankbar, die geholfen haben, dieses Projekt Wirklichkeit werden zu lassen.

Unseren wunderbaren Literaturagentinnen Myrsini und Lindsay danken wir dafür, dass sie unsere Vision teilen und unsere Partner und Fürsprecher auf dieser Reise waren. Ihre Leidenschaft und ihr Fachwissen sind unübertroffen, und wir sind so glücklich, mit ihnen beiden zusammenarbeiten zu dürfen.

Stephanie, unsere liebe Lektorin, es ist immer eine Freude, mit dir zu arbeiten. Danke für den Weitblick und die Weisheit, die du in jedes einzelne Buch einbringst, das du betreust.

Jill, Charlotte und alle bei Plume – wir hätten uns kein besseres Team wünschen können. Danke, dass ihr an dieses Projekt geglaubt und uns euer Vertrauen für dieses große Vorhaben geschenkt habt. Es ist eine Freude, mit euch Bücher zu machen!

An unsere fantastische Katzensitterin Lauren: Danke, dass du unsere Katzen (fast) so sehr liebst wie wir. Deine Hingabe und Zuverlässigkeit haben uns auf unseren Reisen beruhigt, und wir sind so dankbar für die Bindung, die du zu unserer Katzenfamilie aufgebaut hast.

Ein besonderes Dankeschön geht an unsere geliebten Katzen – insbesondere an meinen Liebling Coco, die meinen Schoß wärmte, als ich diese Geschichten schrieb, und die aufmerksam zuhörte, als ich sie laut vorlas. Chouchou, danke, dass du nur eine kleine Anzahl von Andrews Fotos gelöscht hast, als du während der Bearbeitung auf seiner Tastatur herumgerollt bist ... Das war sehr rücksichtsvoll von dir.

Vor allem aber möchten wir uns bei allen bedanken, die uns ihre Türen – ob Zuhause oder im Tierheim – geöffnet, ihre Geschichten und Gedanken mit uns geteilt, für uns gekocht, uns ihre Städte gezeigt, mit uns gelacht und geweint haben und uns ihre wertvollen Katzen streicheln ließen. Ihre Herzlichkeit und Gastfreundschaft waren ein Geschenk. Ihr Mitgefühl ist ansteckend und inspiriert uns mehr, als Worte ausdrücken können.

Vielen Dank, dass Sie den Katzen in unserer Welt Hoffnung geben.

IMPRESSUM

Titel der amerikanischen Originalausgabe: *Cats of the World* erschienen bei PLUME, ein Imprint von Penguin Publishing Group, ein Unternehmen von Penguin Random House LLC
PLUME und P colophon sind eingetragene Markenzeichen von Penguin Random House LLC.

Design Shannon Nicole Plunkett

in der Bruckmann Verlag GmbH, Infanteriestraße 11a, 80797 München

Übersetzung, Redaktion, Satz: Susanne Maute, mcp concept GmbH
Korrektorat: Simona Fois
Repro: LUDWIG:media
Umschlagadaption: Mathias Frisch
Herstellung: Bettina Schippel
Printed in China

ISBN 978-3-95416-464-6

In diesem Buch wird aus Gründen der besseren Lesbarkeit das generische Maskulinum verwendet. Weibliche und anderweitige Geschlechteridentitäten sind dabei ausdrücklich mitgemeint, soweit es für die Aussage erforderlich ist.

Die Deutsche Nationalbibliothek verzeichnet diese Publikation in der Deutschen Nationalbibliografie; detaillierte bibliografische Daten sind im Internet über http://dnb.d-nb.de abrufbar.